〈暮らしやすさ〉の都市戦略

ポートランドと世田谷をつなぐ

〈暮らしやすさ〉の都市戦略

ポートランドと世田谷をつなぐ

保坂展人
Hosaka Nobuto

岩波書店

プロローグ

カナダのカルガリー国際空港を出発したエア・カナダの飛行機は、プロペラ機だった。初めての訪問となるアメリカ合衆国オレゴン州ポートランド国際空港に近づくと、飛行機の窓を震わせるような雷鳴がとどろき、機体は激しく揺れた。

ポートランドは土砂降りの雨だった。飛行機が降下に入り、叩きつけるような雨の合間に押し入り、水しぶきとともにポートランド空港に着陸する。大粒の雨が滑走路に勢いよく跳ね返る。あまりの雨の強さに、ふうっと息をつく。

ポートランド空港で入国手続きを終えると、階下で荷物を待つ。ふりかえると後ろにはドアがあり、やがてベルトコンベアで運ばれてくる荷物を受け取ったら、そのまま外に出ることができる仕組みになっている。使い慣れた人たちには便利な構造だが、他の空港にあるどの旅客も必ず通るような搭乗客出口がないので、荷物を受け取ると困ってしまった。空港に迎えに来てくれることになっていたものの、広く漠然とした空港内なので、戸惑いながらしばらく荷物が出てきたところで待った。

「こんな大雨、ここではめったに降らないんですが。遅れてしまってすみません」

一〇分もすると、眼鏡の奥からやさしい目がのぞく黒崎美生(くろさきよしお)さんが、声をかけてきてくれた。早稲田大学水泳同好会で知り合ったポートランド出身の妻ニッキーさんと結婚し、三人の男の子を育て、義理の父から工業不動産業を引き継いだ。この街に住んでやがて三〇年、アメリカに帰化して二八年となる。

「空港までの途中の道路が大雨で冠水してしまい交通規制がかかりました。オレゴンは雨が多いのですが、ここまでの大雨は珍しいんですよ」

黒崎さんの車に乗り込んで、空港から市内に向かうハイウェイに入る頃になると、あれほど激しかった雨も小降りになってきた。二〇一五年一〇月三一日の土曜日、ポートランドの街はハロウィンの喧騒でにぎわっている。


初めてのポートランド訪問から四年前の二〇一一年にさかのぼってみる。下北沢の街づくりに関するミーティングで、私は強く何度も、何度も重ねて念を押すように言われた。

「区長。必ず、早い時期にポートランドに行って、よく見てきてくださいね」

早口で私に訪問を促していたのは、下北沢に住むフリージャーナリストの高橋ユリカさんだった。

私が、口ごもり答えあぐねていると、

「ポートランドに行かないのはおかしいんです」とたたみかけてくる。

かなり強引に、かつ興奮を抑えきれない早口で、ユリカさんは自分で撮影してきた写真をノートパソコンのスライドショーでめくりながら、説明を続ける。ポートランドから戻ってきた彼女は、熱く止めようのない勢いだ。「一〇分時間を下さい」と前置きしながら、三〇分はまくしたてただろうか。相槌(あいづち)も差し挟めないぐらいの早さで、彼女の見てきたポートランドの街づくりについて紹介は続いた。

彼女は、長年住んできた下北沢の街を愛し、再開発問題（小田急線の地下化と道路事業）により渦巻いていた激しい議論のなかで、東京工業大学の大学院で都市計画を学んだ経験から、ポートランドの街づくりのなかに、下北沢の未来に交わるヒントがあると感じていたのだった。

そのユリカさんは、すでにこの世にいない。二〇一四年八月の暑い日に、末期ガンの緩和ケア・ホスピスで息をひきとった。まだ五八歳だった。私は、容体が思わしくないと聞いて、亡くなる直前に妻と彼女を見舞っている。病室で、痩せた上半身を起こして、ユリカさんは iPad に絶筆となった原稿を打ち込もうとしていた。しかし、体力が減退し、思うようには原稿が進まない。

「何とかして八月二六日の会議に出たいんだけれど……車椅子でほんの少しでもいいから出席したい。これが当面の目標かな」と彼女はつぶやいた。八月二六日とは、下北沢の再開発論議のなかで浮上してきた、小田急線地下化にともなう「地上部の線路跡地」をどのように使うかを語り合う「北沢デザイン会議」がスタートする、長年にわたる再開発問題の対立構造が大きく転換する記念すべき日だった。彼女も、パネリストのひとりとして、これまで取り組んできた思いを語るはずだった。

「たとえ三分でも、車椅子で会場に行って会議に出席。その日まで生きる……」と、何度もベッドの上で自分に言い聞かせるようにつぶやいていた横顔が忘れられない。悲願はかなわずに、私が面会をしてからわずか三日後にユリカさんは逝った。面会の最後に、私はうっすらと目をつぶるユリカさんに「ポートランドに行かなきゃね」と声をかけたが、すでに意識が朦朧（もうろう）としていたのか確たる返答はなかった。こうして、「早くポートランドへ行け」は、早く旅立った彼女が残した遺言となった。

ポートランド空港に迎えに来てくれた黒崎さんを私に引き合わせてくれたのも、ユリカさんだった。ある日、「下北沢の居酒屋で、ポートランドの街づくりに関心のある人たちと懇談しているので、少しの時間でも顔を出せますか」と、突然に電話がかかってきた。いつも短兵急で、簡単には断れない勢いのあるのがユリカさんだった。私は「仕事を片づけて、遅れて顔を出すよ」と答えた。

遅れて居酒屋の扉をあけると、すでに盛りあがっている一団がいた。ユリカさんからポートランド在住の親しい友だちとして紹介されたのが、来日していた黒崎さんだった。そして、「ぜひポートランドに来て下さい」と初対面の黒崎さんからも誘われた。この場には、日本でのポートランドブームの火付け役となった『グリーンネイバーフッド――米国ポートランドにみる環境先進都市のつくりかたとつかいかた』(繊研新聞社、二〇一〇年)の著者である吹田(すいた)良平さんもいた。ポートランドに関わりを持つきっかけは、こうして生まれた。

ユリカさんが死の直前まで書いていたのが、二〇一五年六月二〇日に刊行された『シモキタらしさのＤＮＡ――「暮らしたい 訪れたい」まちの未来をひらく』(エクスナレッジ)だった。建築家の小林正美さん(明治大学教授)との共著だった。ユリカさんは元気な頃、下北沢の街を自転車で疾走し、街の店を訪れては、暮らしのなかの人々の声を聞いて、街が放つ魅力を書き記して発信していた。ふだんの雰囲気を伝えているプロローグの文章を引用してみよう。

小田急線と井の頭線が交差する世田谷区でもっとも都心に近いまち「下北沢」。小劇場やライブハウスに若者が集まる「まち」、なにか面白そうなお店がたくさんある歩くのが楽しいまちとして人気がありました。階段をとんとんと降りると、すぐに歩き始めることができるヒューマンスケールのごちゃごちゃ感や、戦後の闇市が端緒という駅前市場が魅力でもありました。(同書、一二頁)

下北沢は、世田谷区の都心寄りの東端、小田急線と京王井の頭線が交わり、それぞれ急行が停車する駅で、渋谷にも新宿にも一〇分以内で移動できる交通至便の街でもある。この街には、まるで迷路のように入り組んだ路地に、小規模な居酒屋やバー、レストランが軒を並べ、本多劇場をはじめとした小劇場があちこちにある。ライブハウスも多く、音楽とは切っても切れない街だ。映画、演劇、音楽、文学、美術と表現文化に関わる人たちがあちこちにいて、深夜まで議論する姿も珍しくない、不思議な文化的空気をかもしだしてきた。また、路地裏には小物や古着、アンティーク等の店が散在し、若者たちがあまりお金を使わずに楽しめるのも特徴だ。

この下北沢駅周辺に、小田急線の地下化にともなう再開発計画が持ち上がってきたのが、問題の発端だった。踏切を解消するための連続立体交差事業によって、以前からの都市計画、道路計画が動き出す。二〇〇四年に「下北沢駅周辺地区・地区計画骨子案」が発表されると、再開発に対する賛否をめぐる議論は大きく広がった。ふたたび、ユリカさんの本をめくってみる。

駅前で署名活動を始めたのは「Save the 下北沢」というグループで、長く下北沢を愛して来た人たちを中心に、遊びに来る若者や、ミュージシャンたちを仲間にしてパレードをするなど賑やかに反対運動は展開。……専門家も道路計画には賛成出来ないと、地元で専門家たちが立ち上げた「下北沢フォーラム」が呼びかけて、学術的なシンポジウムが開かれたり意見書などが東京都、世田谷区に提出されました。(前掲書、五〇頁)

ただし、下北沢の街を一変させる計画に対して、街の声は「反対一辺倒」ではなかった。路地が入り組んでいて、消防車両等が入れない危険があると訴える人たちもいた。地震や災害時の危険度が高いという不安だった。その点についてもユリカさんは触れている。

関心をもった住民は道路に直接関係したエリアに住んでいる人たちにとどまることにもなり、街全体での反対運動になったわけではありませんでした。従来の住民たちは、もともと不便さを早く改善して欲しいという人もいましたし、駅のすぐそばからバスやタクシーに乗りたいという人も少なくなく、街のなかには意見の齟齬(そご)もうまれました。(前掲書、五一頁)

私が世田谷区長に挑んで当選したのは、東日本大震災と東京電力福島第一原発による事故直後の二〇一一年四月だった。震災直後の三月末、津波災害と原発事故のこの二重被害に苦しんでいた福島県南相馬市を訪問して帰ってきたところに、世田谷区長選挙への立候補要請があり、四月六日に立候補表明の記者会見の場として選んだのは、下北沢の街を一望できる北沢タウンホールの最上階にあるスカイサロンだった。そして出馬表明の会見から一八日後の四月二四日、わずか七日間という短い選挙戦を制し、僅差で当選した。多数のボランティアや友人たちと見守っていた開票速報番組に流れた「当選確実」の報せを受けて、万歳をしたのも下北沢だった。この時、選挙事務所にしたのは、茶沢通りに面した井の頭線の高架下脇の空き店舗だった。

振り返れば下北沢に始まり、下北沢で結果を受け止めた選挙だった。私は当選翌月の五月には、下北沢の駅近くの貸家に移り住む。以来、この街の空気とともに過ごしている。カオスのようでありながら、新旧や老若男女のバランスもあり、肩肘張らなくていい街で、いまだにカフェ、レストラン、居酒屋、バーと、歩くたびに発見が続いている。

ユリカさんがまだ元気だった頃には、街を歩いていると自転車で疾走している彼女を見かけて、「やあ」と声をかけ、互いに挨拶することもあった。今でも下北沢を歩いていると、路地の向こう側から彼女が飛び出してくるのではないかと思うほど、あちらこちらに彼女の残影が宿っている。街づくりには時間がかかり、エネルギーが空転することもある。丹念にあきらめずにペダルをこぎ続けること、それが、私が受け取った「最後のメッセージ」だった。

〈暮らしやすさ〉の都市戦略

目次

目　次

＊本文中の肩書はすべて当時のものである。
＊写真は、断りのない限り、すべて著者が撮影したものである。

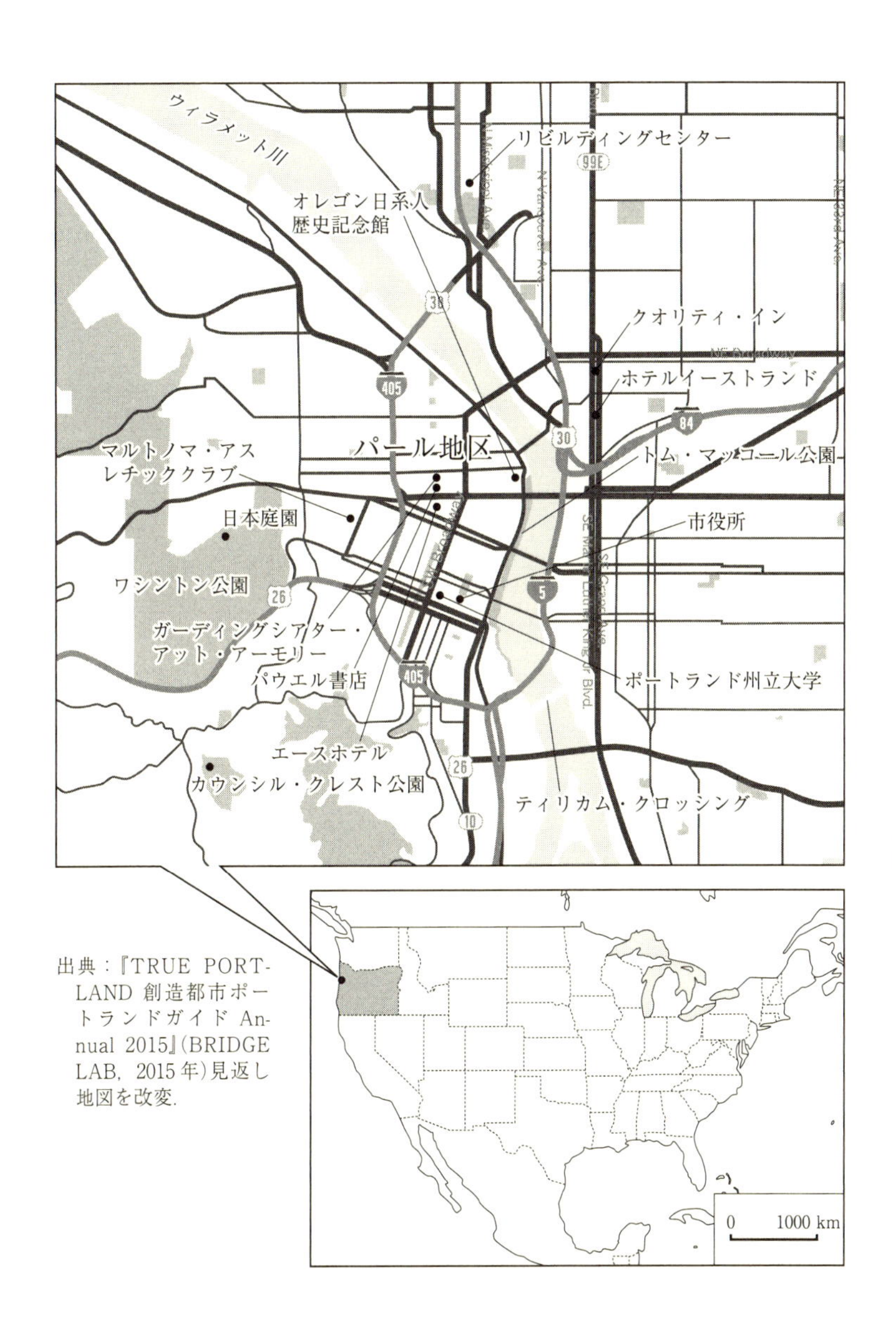

出典：『TRUE PORTLAND 創造都市ポートランドガイド Annual 2015』(BRIDGE LAB, 2015年)見返し地図を改変.

1

世田谷からポートランドを語る

ポートランド市内のカフェでくつろぐ人々
(久保寺敏美氏撮影)

夢キャンパス・シンポジウム

東急田園都市線の二子玉川駅東側地区は、約三〇年にわたる再開発で大きく変貌した。高層ビルがいくつか並び、マンション、オフィス、商業棟が配置され、六万三〇〇〇平方メートルの二子玉川公園が開園した。オフィス棟は、「楽天」が一社で地上三〇階のうち上層階三層のホテル部分を除いて一棟借り切って、外国人社員の姿も目立つようになった。

一日の駅の乗降客数も一六万人を超え、再開発地区のみならず、駅をはさんで西側にある高島屋を中心とした地域にも、来街者が増えている。

東京都市大学は、この二子玉川駅東側地区に「夢キャンパス」というサテライト・キャンパスを運営している。オフィス棟の八階にあり、ガラスの向こうには、手前に河川敷、そして多摩川の流れが見え、対岸には川崎の街並みが広がる。外からの光がたっぷり入り、白い壁がさらに明るく空間を照らしだしている。

二〇一七年七月一三日午後、まばゆい夏の日差しが降り注ぐ「夢キャンパス」には、平日にもかかわらず、約二〇〇人の人々が集まっていた。これで、何度目になるだろうか。私が二〇一五年にポートランドを訪問してから、世田谷区内で五、六回の勉強会やシンポジウムを繰り返してきたが、今回はその集大成でもあった(**写真1**)。

オレゴン州ポートランドには、北米最大規模で手入れも行き届いた日本庭園がある。後に紹介するが、この日本庭園は市民に愛され、半世紀以上の歴史を持つ。二〇一七年春、何年もかけた日本庭園の大改修工事が終了し、グランドオープンに至った。ポートランド現地ではこのニュースは大きく報道されたが、日本ではほとんど知られていない。

ポートランドに強い関心があり、その街づくりに共感する人々の間で、このタイミングだから「ポートランド日本庭園の改修完成記念のシンポジウムをやろう」という企画が持ち上がった。ポートランド日本庭園に関わった忙しい語り手の日程がぴたりと一致したのが、この日だった。平日の午後という時間帯ではあったが、私たちは企画を進めた。これまで、世田谷を足場としてポートランドの魅力にひかれ、都市文化を軸に交流をしてきた人たちで立ち上げた「世田谷ポートランド都市文化交流協会準備会」が主催した。

写真1　2017年7月13日　夢キャンパスでのシンポジウム

この日本庭園のリニューアルで施設・建物群の設計にあたった隈研吾さんが基調講演で登壇する。

「私とポートランドの関わりは六年になります。実はポートランド日本庭園には、お金が全然なかったんです。お金がないところからつくろうと、スティーブ・ブルーム（ポートランド日本庭園CEO）が中心になって始めたファンドレイジング、お金集めからつきあいました。当初は三十何億かのお金を集めるのは絶対無理だとみんな思っていたのですが、彼の驚異的な粘りと行動力で、実現しました。

私は六年間、ポートランドに頻繁(ひんぱん)に通いまして、打ち合わせもするのですが、ほとんど飲みに行ってたんです。ファンドレイジングのために大規模なパーティーに参加するだけではなく、顔と顔をあわせた少人数の飲み会も多い。そこで、「日本庭園の魅力、アイデア、いかに環境ってものが大事か」と互いに哲学を語り合いながら、ポートランド市民の方たちともすっかり友だちになって、ポートランドの街の文化の本質がわかったと思えました」

隈さんは、ポートランド日本庭園の大改修にあたって、六年間もポートランドに通い、ひたすら談論風発し、ワインボトルを開けていったという。総額三三五〇万ドル(約三六億八五〇〇万円)を超える巨額な寄付も、事業の意義を寄付者に語りかけるスティーブ・ブルームさんのユーモア溢れる情熱的なアプローチによるものだという。富裕層を集めたファンディングのための大きなパーティーという場だけではなく、限られた人数で語り合う場も大きな役割を果たしたようだ。

ヒッピー文化がもたらしたもの

「ポートランドはアメリカ西海岸では北のほうにあって、一九七〇年あたりからサンフランシスコなどのベイエリアからヒッピーが移動し始めます。ヒッピー文化は、一九六〇年代にたいへん盛り上がりました。当時はヒッピー文化が、サンフランシスコとかロサンゼルスとかで元気だったわけです。ところが、ヒッピーにとっては、サンフランシスコは観光都市になりすぎて、ものの値段が上がりすぎたし、あんまり住みよくない。「ヒッピーの理念に合うのはポートランドだ」と考えて、一九七〇年あたりからポートランドにどんどん集まってくるんです。サンフランシスコやロサンゼルスに比べてアパートは安く借りられるし、食べ物も新鮮で高くない。ポートランドは、ヒッピー文化がベースにあると思います」

一九六〇年代の半ば過ぎ、アメリカはベトナム戦争の泥沼に深く沈み込んでいた。ヒッピーの合言葉は「LOVE & PEACE」で、徴兵拒否や反戦運動と結びついて、アメリカ西海岸を中心に若い世代に大きく広がった。ポートランドのベースにヒッピー文化があると語る隈さんの話は、私の感覚とぴったりだった。ポートランドのキャッチフレーズとしてあちこちで見かける「Keep *Portland* Weird」(変わり者でいこうぜ！　ポートランド)から伝わる空気は、あの時代のままに語りかけてくる雰囲気に満ちている。

一九六〇年代後半、アメリカ西海岸のサンフランシスコやバークレーで、ヒッピームーブメントが台頭する。一九六七年以降、ポートランド州立大学(Portland State University: PSU)近くのレイアヒル住区にあるレイアヒル公園(Lair Hill Park)では、無料コンサートが頻繁に開催され、周辺にカフェやギャラリー、ミニシアター、書店等が出店していった。ヒッピーは、アメリカ先住民の大きな影響を受け、長髪にバンダナをまき、ティピー(円錐形の小型の住居)を建てて暮らした。また、六〇年代のアメリカではカウンターカルチャーを志向するニューエイジ運動が盛んとなり、ヨガや禅などの東洋思想に関心が集まっていく。

この新たな思想潮流の中で再発見されたのが、アメリカ先住民思想であった。それが脚光を浴びたのには時代背景があった。富と効率を飽くことなく追求してきた近代産業資本主義は、自然破壊や環境汚染という負の遺産となって表われていた。またヴェトナム戦争後のアメリカは、「正義」と「民主主義」の名の下に犯した自らの失敗、そのために失った多くの若者の命の重さを直視せざるを得なかった。（阿部珠理『アメリカ先住民から学ぶ――その歴史と思想』ＮＨＫ出版、二〇一一年、一七二頁）

こうした時代に、アメリカ先住民の世界観・自然観に人々は注目するようになる。

日本にもアメリカ西海岸のヒッピームーブメントの影響を受けた人々が全国各地にいた。私自身はヒッピーではなかったが、彼らから、自然を愛する詩的感性や音楽を学び、自然食の奥行きの深さを味わい、自然の中で生きる覚悟にふれた。ベトナム反戦運動は、若者たちの多くを政治化させていったが、政治の季節の退潮とともに、ヒッピーは政治を語る言語表現の世界からライフスタイルの転換を掲げて内面化した。日本のヒッピーは、各地にコミューンと呼ばれる共同生活の場を構築した時期もあったが、やがて、時間の経過とともに個人の生活に戻っていく。

「ポートランドは自然との距離が近いんです。街の真ん中に川があり、水との距離も近くて、水上住居に住んでいる人もいて、水上コテージがあってほんとうに水と密接です。街の外側にすぐ山があって、ポートランドの日本庭園は山の中のような雰囲気なんです。街から車で数分の距離です。そのくらい山に近く、水に近く、自然に近い。それからヒッピー的な新しい社会をつくろう、新しい文化をつくろう、オルタナティブな文化をつくろうという意気込みが両方一緒になって今のポートランドになっていったわけです」(隈研吾さん)

さらば劇場型政治、観客からプレイヤーへ

ポートランドの街には自然が近くに迫っている。いや、街が自然に包まれていると言ったほうがいい。街なかに公園の森が広がり、市街地のすぐ外側にも広大な農地が広がる。そして、住民自治が地域運営のために欠かせないシステムとして、毛細血管のごとく地域に根を降ろし、力を持っている。産業優先の「自然破壊」を転換し、人間とともに生態系が尊重される「環境都市」として再生しようという強い意志が、この街を変えてきた。

ヒッピーが社会性を獲得し、ミーイズム=自己中心主義から脱却して、既存の社会システムの歯車をまわしながら、漸進的に変革していく粘り強さを持ち、なおかつ現実に妥協しないで理想の旗を掲げて進めていく「行政権」を握ったらどんな社会になるのか。その回答のひとつが、ポートランドではないかと感じて、もっと深くこの街を知りたいと思うようになった。

日本では、「政治」や「自治」という言葉自体がリアリティを失い、深い煙霧に隠れてくっきり見えてこない。二〇〇九年の民主党による政権交代に大きな期待がかけられた分だけ反動も強く、「誰がやっても変わらない」「もう政治には期待しない」という醒めた言葉さえもさほど聞かれないほど、多くの人々が「政治や自治が、社会を変えられるわけがない」と思い込んでしまい、日常生活から離れた「政治」や「自治」を忌避する傾向を強めてきたと言っていい。

オレゴン州ポートランドに何度か通い、私自身は「地域や社会は、必ず変えられる」というポジティブなメッセージを心に刻んでいくようになっていった。都市を変えるためには、「今、ここにある現実」を固定化せずに、「都市の未来像」を強く明確に描く構想が必要だ。アーティストの創作活動にも似たビジョンを打ち込んだ構想づくりと、夢と実務とを組み合わせた丹念な工程表を作成し、利害関係者を調整し、長期にわたる時間と労力、また膨大なコストを費やしても粘り強く街をつくりあげていく努力も必要となる。

日本では選挙や政変のたびに「改革」が連呼されてきた。最近は「改革」があまりにも使われ過ぎたという認識からか、政府首脳は「革命」という言葉まで振り回す。私たちは、いくたびも一過性の「ブーム」を見てきている。「劇場型政治」の観客として時のヒーローに歓声をあげ、刹那的なブームに酔ったかと思うと、やがて期待をあおってきた風は止み、逆方向からの非難やブーイングが多くなり、退場を求める罵声に変わっていく非情なアップダウンだ。こうして、かつてのヒーローはメディアに持ち上げられたかと思うと、突き落とされていく。観客席に自由に出入りする「他力本願」の人々と、「改革」「革命」と大言壮語する政治家の相性はいい。

既存のものをぶち壊し、劇的に変えることが価値を生むわけではない。多くの場合は、既得権者を打破するはずの「改革」が、新たな権益を獲得する新・既得権者との交代を促すだけで、暮らしや雇用は悪化するケースが少なくない。私たちは、観客席にいて根拠なき「熱狂」と「失望」の間を往復するパターンを終わらせて、街と社会を再設計する時を迎えているのではないだろうか。

現実の社会を変えるためには、地図と工程表が必要だ。破壊ではなく、今ある社会の骨格を残した上で、老朽化してしまった故障の多いパーツを新しいシステムに交換し、人々の暮らしが改善され、表情が明るくなる街へ向かって変容させていく。政治や行政にたずさわる者は、必ず結果を実らせる職人でありたいと思うのだ。

人々の希望を組織し、ひとつひとつ階段を登るように、社会をつくり変える「創造集団」が、未来のビジョンと設計図を描く。そして、観客席から立ち上がってプレイヤーとなった市民が、力を合わせて都市をつくり変えていくリアルな手応えを感じた街、それがポートランドだった。

数年に一度、国政選挙に一票を投じるだけではなく、地域コミュニティの運営や未来ビジョンを創造する自治主体、主権者としての市民は、日本でも十分に育っている。そんな視点で、東京・世田谷での現状を挟みながら、ポートランドで起きていることから、私たちが都市をつくり変えていく希望とパッションを汲み取ってみたい。

2

二〇一五年、ポートランド訪問の機会はやってきた

「知の殿堂」パウエル書店(久保寺敏美氏撮影)

クオリティ・インに泊まる

「ポートランドに行ってみた方がいい」と勧めてくれたのは、高橋ユリカさんだけではない。

私が出席したり、モデレーターをつとめたシンポジウムで、都市計画、交通、緑の環境デザイン、ライフスタイル等、テーマやジャンルの違う専門家たちが、示し合わせたかのように、こぞってポートランドの事例を紹介していた。東日本大震災からしばらく経った時期に、日本でもポートランドに注目する大きな流れができていたのだろう。「ぜひ訪問してみてください」と勧められた場面も、一度や二度ではない。そして、訪問の機会は、二〇一五年一〇月末にやってきた。

世田谷区には姉妹都市が三つある。オーストラリアの西オーストラリア州のインド洋に面したバンバリー市と、オーストリアのウィーン市にあるドゥブリング区、そしてカナダの内陸にあるマニトバ州のウィニペグ市だ。二〇一五年秋は、このウィニペグとの姉妹都市交流四五周年にあたり、かの地を訪れて記念式典に参加してきた。その帰路、数日の日程を組むことができて、ポートランドに立ち寄ることになる。

ここで、空港に到着した場面に戻るとしよう。豪雨による渋滞で少し遅れたとはいえ、約束通りにポートランド空港に黒崎美生さんが迎えに来てくれた。すでに、彼はいくつもの視察先を組み立ててくれていた。やがて、少し弱くなってきた雨のなかを中心部のダウンタウンに入り、ホテルにたどり着く。

「ここが予約されたと聞いたホテルです。いやあ，ここまで古いモーテルはポートランドでは珍しいですね。本当にここでいいんでしょうか」と，黒崎さんがつぶやいた。

クオリティ・イン（Quality Inn Downtown Convention Center）は，ダウンタウンのコンベンションセンターまで二ブロックと立地には恵まれているが，二階建ての低層の建物で，エレベーターもない。重いスーツケースを持ち上げて，車の進入路に降り，また登って，たどり着いた部屋は，広いが殺風景だ。ホテルは木造の古い建物で，上の部屋の宿泊者が歩くと，足音と振動が階下の部屋に響く。そんな環境にもすぐに慣れ，その日の夜遅く小林正美さんも，バークレーの出張先からこの宿に到着し合流した。

翌朝の朝食をとるダイニングは学生寮のような雰囲気で，二〇代，三〇代のツーリストや，仕事でポートランドに来ている人たちが，日本の小学校の教室程度のスペースに集まってくる。シンプルな食材を使った料理だったが，空腹を満たすには十分だった。食事を終えて部屋に戻って，出かける支度をしていると，ドアにノックが響く。開けてみると，「忘れものではないか」と小さなポーチをボーイが抱えていた。一目で，これは小林さんのだと気づいたので，お礼を言って受け取った。小林さんの部屋に電話で知らせると，驚いていた。パスポートやカード，現金もすべてこのポーチに入れて朝食時に食堂に持って行き，まるごと忘れてしまったという。「ああ良かった」と互いに安堵した。この出来事で，ホテルの印象はぐんと良くなった。

ポートランドはどんな街か

オレゴン州ポートランドは、太平洋に注ぎ込むコロンビア川を河口から上流に一三〇キロ入ったところにある。街はコロンビア川支流のウィラメット川の両岸に広がる。ポートランドには「ブリッジタウン」(Bridgetown)という別名もあるぐらい、両岸を結ぶいくつもの橋がかかっている。

一九世紀の半ばから市街地をつくり始めたポートランドは、ウィラメット川の水深を利用した物流・交易の拠点だった。流域の肥沃な大地が育む農産物や森林から伐採される木材が二〇世紀半ばまで産業の中心だった。一方で、第二次世界大戦時に集中してつくられた艦船などで、造船や鉄鋼の街としても発展してきた。戦争中、急増した軍需船舶の建造ラッシュで多くの労働者がポートランドで働いたが、戦後は失業することになる。その労働力の受け皿として、大規模な都市開発への公共投資が計画されていく。

造船・鉄鋼という重工業が、やがて日本から韓国、中国へと移転していくにつれて、産業空洞化が進行し、ポートランドは「負の遺産」である大気汚染や河川の汚濁に悩むことになる。一九六〇年代には、工場排水等による汚染が深刻になり、ウィラメット川は「全米で最も汚染された川」と呼ばれた時期すらあった。公共事業によって道路を整備し、駐車場も拡大したことで、ポートランド市内の自動車交通量は激増して、慢性的な渋滞を招いたものの商業的な繁栄には結びつかなかった。

それから六〇年、今やポートランドは、汚名を返上するだけでなく、「環境都市」という正反対のポジティブな評価を得るところまで生まれ変わった。

そこに、人々の意志があり、都市計画があり、長期を見通すビジョンがあったのは言うまでもない。

高速道路を撤去して公園へ

「ポートランドの大きなターニングポイントとなったのは、ウィラメット川の西側に建設された「高速道路の撤去運動」だったのではないか。何しろ市民の声が市を動かして、道路撤去となった。今は気持ちのいいウォーターフロントの公園になっているところが、車専用の高速道路だったなんて信じられないけど」と小林さんは言う。

二〇一七年に刊行された一冊の学術書がこの経過を掘り下げている。

人々がダウンタウンとウォーターフロントとの間を行き来する際の障害となっていた高速道路ハーバードライブの撤去が検討されるようになったのは、一九六八年一〇月以降、オレゴン州知事トム・マッコール（Tom McCall）が同問題に介入し始めた後のことである。一九六七年にオレゴン州知事に就任したマッコールは、政治家になる前はジャーナリストとして活躍していた。（畢滔滔『なんの変哲もない取り立てて魅力もない地方都市　それがポートランドだった――「みんなが住みたい町」をつくった市民の選択』白桃書房、九七頁）

トム・マッコール知事は、都市デザインについて明確なビジョンと哲学を持っていた。

「オレゴン州高速道路局に対して私が与えたのは、「ウォーターフロントを人々がアクセスしやすい場所にする方法を見つけなさい」という指示である。我々は、自身の怠慢によって、コンクリートとハイスピード自動車交通からなるベルリンの壁を作るべきではない。ポートランド市ダウンタウンにおける最も魅力的な場所であり、様々な活動を行うことができるはずのウォーターフロントに市民が行けなくなるような状況を、絶対に作ってはならない」(前掲書、九八頁)と、鮮明なメッセージを一九六八年一〇月に発している。

「ポートランドはウィラメット川を中心に発展してきた街で、川沿いのウォーターフロントは他にない市内の一等地です。そこを六車線の高速道路が占拠してしまい、車が「我が物顔」で排気ガスをまき散らしている。大気汚染に苦しんでいたポートランドで市民がたちあがり、人間優先の街のシンボルとしての道路撤去と公園化を、オレゴン州やポートランド市に働きかけて、実際に動かしていったのです」と小林さん。完成した高速道路が撤去されたのは、アメリカで最初の事例となり、注目を集めたという。

一九七〇年頃の日本では、本格的なモータリゼーションの時代の到来が語られ、一九六八年には東名高速道路が開通し、一九六九年にはミニスカートの小川ローザの「Oh! モーレツ」(丸善石油のテレビコマーシャル)が一世を風靡(ふうび)した。ポートランドで一九六〇年代後半に盛り上がりを見せた高速道路撤去を求める市民運動は、一九七二年にポートランド市によって作成された高速道路撤去とウォーターフロント公園計画となって、ポートランド市議会が満場一致でこれを了承し、実を結ぶことになった。こうして、ウィラメット川沿いの高速道路は撤去され、人々がゆったりと歩くことのできる緑と水の潤いのあるウォーターフロントの公園に生まれ変わった。

ウィラメット川沿いの公園は、トム・マッコール・ウォーターフロントパークと呼ばれて、上質の水辺空間を市民に提供している。川の水質も格段に向上した。今や、ジョギングや散歩する人たちが行き交う。川沿いにはポートランドにある日本企業の連合会である「ポートランド日本人商工会」の寄贈による桜の木が植えられていて、市民を楽しませる憩いの場となっている。アメリカでも高速道路網が広がっていった一九七〇年代に、先んじて「自動車中心の街づくり」を市民運動が大きく転換したことに感慨を覚えた。

写真2　「怨」の幟(写真提供：共同通信社)

日本の「公害元年」

その頃の日本はどうだったか。一九七〇年当時の私の記憶を呼び起こすと、共通点も見えてくる。

ポートランドも、東京も、産業優先の社会構造の影が見え始め、共通の難題に突き当たっていた。東京の街には黒地に白い文字で怨念の一字を使った「怨」の幟(のぼり)がはためき、水俣病を告発する市民運動が大きな広がりを見せた時代でもあった(**写真2**)。一九七〇年は「公害元年」とも呼ばれ、国会は公害対策基本法をはじめとして集中的に公害問題を取りあげ、「公害国会」となった。そして、一九七一年には環境庁が発足する。

それまでの日本では、「公害必要悪論」が横行していた。煙突の煤煙(ばいえん)は産業の勢いを示す、いわば「必要悪」だ。工場が順調に稼働すれば、煙突から有害物質が吐き出されようと致し方ない。これを「公害」として告発され規制されると、経済活動自体が打撃を受けるので損失が大きい、だから問題にしないでくれという考え方だった。「企業の生産性向上」と「経済成長」だけを価値軸としてきた政治を大きく揺さぶったのは、人間の生命を弄ぶ企業の論理に怒る世論と、健康を奪われた人々の叫びだった。事実、大気汚染は、人々の健康を蝕み始めていた。

私は、小学校四年生から東急東横線とJR南武線が交わる武蔵小杉(川崎市)に住んだ。高層マンションが林立する現在と違って、一九六五年当時、駅前にビルと言えば、二階建ての横浜銀行が建っていたのが記憶に残るぐらいだ。買い物になると、自由が丘か渋谷に両親に連れられて行ったことを思い出す。現在、この武蔵小杉に高層マンションが多いのは、かつて「工業地域」だったことの名残だ。二〇〇七年に都市計画用途地域の変更があり、都市再開発が一段と進んだ。

私自身、当時の大気汚染のひどさを身をもって経験している。小学校四年生の頃に、小児喘息にかかったのだ。京浜工業地帯から吐き出される煤煙は、空を灰色に澱ませた。スモッグは太陽を遮り、人間の身体にも容赦なく影響を与えた。

台風が近づいて気圧が下がってくると、呼吸困難となり喘息の発作が起きる。苦しくて横になっていられない。呼吸するたびにヒューヒューと胸の奥でふいごのような音が鳴り、苦しさのあまり夜中に起き上がって、壁にもたれて、座って肩で息をしていた。喘息発作は苦しく、自分の身体で起きていることと、大気汚染を結びつけて考えてみたことはなかったが、工場による煤煙で喘息患者となった人々が訴えた「四日市公害訴訟」を伝えるニュースを見て、ひょっとしたら自分の喘息も……と思い至ったことを覚えている。

小学校五年生となり、京浜工業地帯から離れて、比較的空気のきれいな相模原市に引っ越し、ようやく発作の頻度（ひんど）が少なくなっていった。あの頃、喘息の苦しい発作で、明け方まで寝つけずに、やがて健康が蝕まれ大人になれないのではないかという強い不安もつきまとった。武蔵小杉から相模大野へ転居したことで、私はさらに遠距離通学となり、都心の学校まで電車で片道一時間以上かけて満員電車に揺られていた。

一九六七年に東京都知事選挙に初当選した美濃部亮吉東京都知事の選挙スローガンは、「東京に青空を」だった。見事なほどにシンプルなスローガンは、わかりやすく切実で、東京都民の心をとらえた。

当時の東京はスモッグにより、灰色のどんよりとした空が覆っていた。小学校六年生の私の脳裏にも、美濃部氏の語る「夢のような青空」のイメージが広がったのだから、言葉の訴求力は抜群だった。汚いのは空だけではなかった。東京の河川は、工場排水に生活排水が加わって、水面が泡立ち異臭を放つ無残な状態となっていた。多摩川も例外ではなく、遠くから見て川辺に近づきたくないと思ったものだ。今の中国やインドで起きている深刻な環境汚染は、半世紀前の首都圏を直撃していた。

当時、子どもながら、人間がいくら抵抗しても、不快に感じて改善を試みても、雨の日をなくしたり、台風を止めたりできないように、「環境汚染」は止めようもない不可抗力のように思えた。理想として語られる「河川の浄化」「青空」は、夢のまた夢のごとく思えた時代だった。

シンクロする環境保全運動

環境汚染は、自然を人間が支配し、人間の力で自然をねじふせて、いかようにでもできるという尊大で怖いものを知らない工業化社会が生み出した。勝手に空が暗くなり、川が汚濁したのではない。すべてに原因があった。七〇年代から八〇年代にかけて工場排出物が厳しく規制されると、環境はみるみる改善されていった。環境規制が進むにつれて、冬の空気が冷えこんだ日には富士山がきれいに見渡せるようになる。東京でも澄んだ青空が見えるようになった。「東京に青空を」はスローガンに止まらず、正夢となった。汚かった多摩川の水も年々浄化され、現在は一〇〇〇万匹近いアユが遡上する。夢は実現したのだ。

日本の環境改善のための汚染防止技術はめざましい革新と進歩を見せた。国も自治体も厳しい規制基準を設けたからだ。誰がそうさせたのか。それは、暮らしの場から立ち上がった市井の健康被害者であり、市民の声の力だった。住民運動や市民の声が政治を動かし、環境汚染に感度の鈍い企業や産業界に抜本的な取り組みを迫った。市民が、「公害＝必要悪」と認める鈍感な産業社会や政治と闘ったから、環境行政の分野で国が動き、自治体が機能した。ポートランド市民が環境汚染に立ち上がった時代と、東京で起きていた公害告発運動も同時代の共通性があり、重なっている。

日本でも環境保全運動が一気に拡大したのは七〇年代だったが、オレゴン州の大転換はさらに画期的なものだった。一九六六年に環境再生を掲げて当選したトム・マッコール・オレゴン州知事は、ウィラメット川の環境浄化に取り組むとともに、オレゴン州の海岸線の州有化に乗り出した。このきっかけは、オレゴン州の民間デベロッパーが海岸線をプライベートビーチとして柵で囲ったことに対しての抗議運動だった。オレゴン州政府は州の海岸線五四八キロメートルを開発から守る「オレゴン州海岸保護法」(Beach Bill)を一九六七年に成立させている。

「オレゴン州の海岸に市民が自由にアクセスできなければならない」という信念と、「ウィラメット川のウォーターフロントに市民が自由にアクセスすることを妨げてはならない」という発想は同一であり、画期的で先見の明があったと言うべきだろう。ウォーターフロントも、海岸線も私有されたり、一部の使用者に独占されるべきではなく、公共の財産として確保されるべきものだ。

自然に対する畏敬の念を抱き、山、海、大地に感謝を捧げる文化は、アメリカ先住民のものである。トム・マッコール知事の画期的な判断は、悠久の歴史に支えられたアメリカ先住民の信仰や文化と親和性があるように感じる。

私はかつて雑誌『八〇年代』(野草社)の編集に携わったことがある。一九八〇年五月にアメリカインディアン運動(AIM)のリーダーのひとりで、反原発運動に取り組んでいるビル・ワピパさんとミュージシャンの喜納(きな)昌吉さんの対談記事をまとめた。この時のワピパさんの言葉を思い出す。

「私達の運動はスピリチュアリティ(信仰・精神性)を根底に置いています。今日大半の人々が信仰している対象はお金と人間です。しかし私達の信仰は人間以外の物、水・空気・土・木・鳥について語ります。それら全ての存在なしに人間の存在はあり得ないのです」(「小さな神が地球を救う」『八〇年代』五号、一九八〇年、一七頁)

「私達は母なる大地を信じています。母なる大地は全てのものを生み出しました。生み出された生命は母なる大地を守るために働かなければならない義務を負っています。その義務を遂行するならば我々は皆兄弟となり得るのです。生き物は皆その義務を何千年前と同じように遂行しています。木は春になると芽ぶき、魚は今も水の中に住んでいます。太陽は今も東から登り西に沈みます。人間だけがその義務から離れてしまっている。人間だけがその義務を引き受けることを放棄して、逆に母を傷つけ、破壊しようとしているのです」(同、一八―一九頁)

こうしたアメリカ先住民に脈々と受け継がれてきた自然観、世界観は、開発と営利にとらわれている物質文明の底の浅さに気づいた白人たちの共感を呼び、共振しあってきたとも言われている。このような自然観・世界観は、世界の先住民に共通の考え方でもある。日本列島の北と南に息づくアイヌ民族と沖縄の人々の信仰・文化にも共通点が多い。私は八〇年代の初めに、何度も沖縄を訪れている。北海道のアイヌ民族を金環日食が起きる沖縄の万座毛に招き、ともに平和を祈るセレモニーを行うというイベントを実施し、沖縄の人々とアイヌの人々の自然観に共通点のあることを感じたことを思い出す。

ポートランドの歴史は開拓時代から始まるのではない。ウィラメット川流域ではアメリカ先住民の部族が暮らしを営んでいた。その歴史と文化について深く知りたいと考えたが、これからの課題として残していることを記しておきたい。

3

ポートランドの街歩き

ポートランドのシェアサイクル・システム
「バイクタウン」(久保寺敏美氏撮影)

都市成長限界線とは

ホテルで朝食をとり、外に出てみると、思わず目の上に手をかざすほどに日ざしが強く、昨日までの雨が嘘のように、空は高く晴れ上がっていた。

「気持ちがいい日になりましたね。こんなによく晴れるのも、この季節のポートランドでは珍しいんですよ」と、迎えに来てくれた黒崎美生さんは笑顔で語りかけてくれた。私たちが遭遇した「めったにないような雨の日」の翌日に訪れた晴天を喜んで、これはいい機会だとダウンタウンから車で二〇分ほどのカウンシル・クレスト公園(Council Crest Park)に案内してくれた。ここは、小高い丘の上にあって、ポートランドの街全体を見渡すことができる。

街の中心部にはウィラメット川が流れ、両岸に市街地が広がるのが手にとるようにわかる。あまり高層ビルが多くないのも特徴だろうか。中心市街地から視線を手前に戻すと、鬱蒼(うっそう)とした緑が広がり、住宅の屋根がところどころに先端部を見せている。

「緑が多いので、上からはまるで全体が森のように見えるんですが、ここは住宅地なんです。住宅もたくさんの木に囲まれているので、上から眺めると緑のなかに屋根が突き出しているように見えるんですね。こうして、気持ちがいい郊外の環境をつくっています。この公園からダウンタウンまで、一〇分から一五分で降りていける。緑溢れる公園から街の中心部がこんなに近いんですよ」と黒崎さん。

「飛行機で上空からポートランドを見ると、くっきりと一本の線が市街地の境界線となっていることがわかるんです。住宅地と農地の境界線を決めているんですよ」。黒崎さんが立ち止まり、指さした方向を見ると、住宅地の奥に農地が広がっているのがぼんやりと見える。

「あのあたりにある線が、オレゴン州の決めた都市成長限界線(Urban Growth Boundary: UGB)ですね。市街地はここまでと線が引いてある。市街地が無限に拡大してスプロール化しないように住宅地と農地の境界を明確にして、市街地拡大の限界を決めて守っているんですね」と小林正美さん。

ポートランドの都市の魅力をつくりだしているのは、豊かな緑と近隣で生産される新鮮な食材だ。一方、UGBがあることで、市街地は無秩序に拡大しない。中心市街地の都市再開発に着手し、荒廃から再生へと向かった背景がここにある。

「UGBは、広域自治体のメトロ政府が管理しているんです。五年に一度の見直しがありますが、ポートランドの市街地が拡張することなく、深い緑がすぐ近くにあるのも、この厳格な都市政策のおかげです」と黒崎さん。

丘の上の公園を少し下った学校の横で週末に開催されている、ヒルスデール・ファーマーズ・マーケット(Hillsdale Farmers' Market)にも出かけてみた。UGBの外側には、豊かな農地が広がる。農家の人たちが収穫したばかりのもぎたての野菜や果物、新鮮な肉や魚、パンやジャム、色鮮やかな花等を自慢げに並べている。年代物のバンやピックアップの横に、販売所のテントを張っている。

「今朝、焼き上げたばかりよ」とテントの中から陽気な笑顔がのぞく。農家の女性がすすめる自家製パンをかじってみると、芳ばしい食感が広がり、温かい幸福感を味わうことができる。このファーマーズ・マーケットで果物のジュースを飲んだり、自家製蜂蜜やジャムを吟味して買った。帰国してから、購入した蜂蜜を毎朝パンにつけるたびに、あのファーマーズ・マーケットの光景を思い出していた。

「アメリカの食生活」というと、これまでにテレビや映画で刷り込まれたイメージがある。大きなスーパーで、カートに加工食品を山のように買いこんで、大型冷蔵庫に放りこんで、保存して食べるというものだ。ところが、まるで違う地産地消の文化がここにある。週末にファーマーズ・マーケットを利用する住民は、お気に入りの農園や顔見知りの農家から、一週間分の鮮度のいい選りすぐりの食材を入手することができる。何より輸送コストがかからず、価格も手ごろだ。生産者と住民が顔と顔を合わせて、世間話をしながらひとときを過ごす光景を体感して、これまでのイメージは一変した。

さらに、旅行者や滞在者にとっても嬉しいことがある。ポートランドで買い物をしたり、食事をして驚くのは消費税がないことだ。オレゴン州は消費税を課していない。

日系人の苦難の歴史

「ポートランドには日系人の苦難の歴史があるんですよ」

桜の木が植えられているトム・マッコール公園をゆっくり歩いていると、「これを見てください」と黒崎さんが指さしたのが、戦時下の日系人の歴史を刻む記念碑だった(**写真3**)。

黒崎さんは、すでに三世から四世の時代に入っている日系人も参加する、オレゴン日米協会(八六―八八頁で詳述)の会長も務めている。一九四一年一二月八日(ハワイ現地では一二月七日)、真珠湾攻撃による太平洋戦争の開始まで、ポートランドのダウンタウンの隣にあるオールドタウンには二五〇〇人を超える日本人町が存在した。町には、日本式の床屋や米屋、豆腐屋、銭湯等もあったという。

太平洋戦争が始まると、ポートランドの日本人町に居住する日系人はすべて敵国民として住居を追われ、一週間以内に退去せよと命じられ、強制収容所に連行される。当時の苛酷で辛酸をなめた強制収容所生活の記憶を次世代に伝えるために「Oregon Nikkei Legacy Center」(オレゴン日系人歴史記念

写真 3　日系人の記念碑

写真 4　強制収容所での生活を再現したオレゴン日系人歴史記念館の展示

館)が開設されている(**写真4**)。

展示は、克明で詳細だ。しかも、熱心に運営されている。記念館の常設展示コーナーには、当時の強制収容所の部屋が再現されていて、戦前の日本人町の商店にあった看板や床屋の椅子、米俵などの展示物もある。また、企画展が定期的に行われていて、期間ごとに展示が変わる。私が見たのは、戦争中の強制収容所にいた当時の子どもたちの写真の隣に、七十余年を経て老齢となった同じ人物が並んでいる写真だった。困難な時代を生きのびた人たちの今昔の姿がずらりと展示されていた。子どもの顔と、シワを刻んだ現在の顔となるまでに流れた時間を物語る。戦後七〇年の時の流れと歴史を風化させまいとの意志を感じさせる。

戦争が終わって、やがて強制収容所から日系人がポートランドに戻ってくるが、かつての日本人町はチャイナタウンに変わっていた。

戦後、日本人町を再建しようという努力もあった。日系人二世で実業家だったビル・内藤氏は、不動産業で実績を積み、ポートランド市内の歴史的建造物を買収し、大幅なリノベーションを加えて再生する手法をいち早く取り入れていったことで有名だ。ウィラメット川沿いに日本人町を再建することはかなわなかったが、内藤氏の功績は日系人にとどまらず大きく評価されたという。

「ビル・内藤さんは、ポートランド市内にあるリード・カレッジ(Reed College)を卒業しています。この大学出身者としては、アップル社の創業者であるスティーブ・ジョブズさんとビル・内藤さんが成功者の双璧として尊敬を集めているんです。ポートランド中央図書館のメインホールにも、ビル・内藤さんの名前が冠されています。ビル・内藤さんが一九九六年に七〇歳で亡くなった時には、ポートランド市議会は、ウィラメット川沿いのフロントアベニュー(Front Avenue)という大通りの名を、内藤さんを偲んでナイトーパークウェイ(Naito Parkway)と改名することを決めたんです。満場一致でした」と黒崎さん。

「内藤さんの娘のアン・内藤さんは、東日本大震災の時に「こうしてはいられない」とポートランドで仲間を募って、日本に渡って被災地のボランティアをした熱い人なんです」と小林さんも、彼女のことを、当時、日本で出迎えていて、よく知っているという。

新たな魅力を放つ都市として、ポートランドを訪れる日本からの観光客や、街づくり視察団も増えているが、「第二次世界大戦と日系人強制収容所」というレガシーを刻むこの歴史記念館も訪ねてほしい。ポートランドの街歩きの最初に、この記念館で日系人の歴史と向き合ったことで、二〇世紀半ばからの苦難の歴史と戦後の生活再建、名誉回復の時間軸を身体に刻むことになった。

中心市街地の再生

今から半世紀前、産業の中心だった造船・鉄鋼等の重工業が衰退し撤退していくなかで、ポートランドの中心部パール地区にあった工場や会社、物流を支えてきた倉庫は閉鎖していった。昼も人影がまばらとなり、ギャング等による犯罪が多発すると、さらに人気がなくなり物騒になるという悪循環に陥ったという。黒崎さんがポートランドに住み始めた一九八〇年代後半を振り返る。

「街の中心部はゴーストタウン化していて、ひとりで歩くのは怖い所でした。いつギャングに襲われてもおかしくない。なるべく行かないように、歩かないようにしていました。それがどうでしょう。

ガラリと変わりましたよ。今や洒落たレストランやカフェ、ショップが軒を並べていて、人波が絶えないようになった。すごい変化です」

ポートランドの中心市街地だったパール地区は、衰退と斜陽から底を打つように再生した。辞書を引いてみると、「再生」とは「一度死んだものがよみがえる」という意味を持つ。長い間、死に瀕していた街が、過去の陰影が嘘のように明るく変化した。今や、人通りが絶えず、人々が笑い、語り、たたずむ街として、みずみずしくよみがえっている。

リノベーションの先駆け

パール地区の都市再生の象徴的な事業となったのがエコ・トラストビル(The Ecotrust Building)だと聞いて、訪ねてみた。以前は鉄道施設として使われていたレンガ造りの歴史的建造物の外壁や雰囲気を残したまま、リノベーションされている。外壁のレンガと周辺の緑が溶け合い、過去が現在によみがえってきている。頑丈な鋼鉄で建物は補強されているが、それでいて近代的なビルにありがちな外来者を拒絶する冷たさがない。時間の流れを受けとめて、過去を封じることなく自然に受け継いでいく。そんな空間にいると、生まれ育った家にいるような落ちつきと温もりが身体をめぐる。

小林さんは「ポートランドのリノベーションの先駆けとなった建物で、ここが出発点と考えてもいい」と語る。リノベーションによって、一〇〇年前の倉庫のおもむきを残しながら、オーガニックのピザ屋やアウトドアブランドのパタゴニア(Patagonia)の店舗、環境団体のオフィス等が入る空間は活気もあって心地よい。歴史的建造物のリノベーションとしてはアメリカで初めて、環境・エネルギーを考慮した建築基準(LEED)のゴールド賞を受賞している(**写真5**)。

「このエコ・トラストビルは、ビル・内藤さんの長男のボブ・内藤さんがデベロッパーとしてプロデュースしたんです。これから紹介する建築家のジェフリー・ストゥアーさんの手で設計されていきました。ボブ・内藤さんもまた、ビル・内藤さんの意志を継いで、活躍しています」と黒崎さん。

写真5　エコ・トラストビル

歩きやすい街

もうひとつポートランドの市街地の特徴があると小林さんが言う。

「正方形の街区(ブロック)の一辺の長さが六〇メートルで、これはアメリカで最小と言われています。ニューヨークのマンハッタンの街区が二七四×八〇メートルであることを考えると、いかに小さいかがわかります。およそ、他のアメリカの都市の半分と言ってもいいでしょう。これは、ポートランドの街ができた一九世紀に遡(さかのぼ)る都市設計によるものですが、ブロックがあまり長くなく歩きやすい配置になっています」

建築家の隈研吾さんも、ポートランドの街区がコンパクトであることに注目する。エンパイヤステートやクライスラーのような超高層を建てようとすると、せめて最低一辺が八〇メートルないと難しい。ただ、「ポートランドに超高層を建てようとはだれも思いませんから、必要ありません」と冒頭で紹介した世田谷でのシンポジウムで指摘していた。あまりに長いブロックでは歩き厭きてしまう。ただ、下北沢の、行き交う人と人の肩がふれあうぐらいの狭小路地の街歩きに慣れていると、ポートランドの一ブロック六〇メートルは十分広いようにも感じる。

パール地区の再開発

パール地区には一九一一年から一九九八年までバーリントン・ノーザン鉄道(Burlington Northern Railroad)の広大な操車場があった。東京ドーム一六個分もあるこの敷地を再開発するにあたって、地元の民間デベロッパーとホイト社(HOYT)とポートランド市が協定を結んだ。住宅、オフィス、商業店舗を民間が建設する一方で、市は再開発の邪魔となっていた高架道路を撤去して、公園やストリートカー(路面電車)の交通を整備するという内容の協定だった。

「このパール地区の再開発は、ポートランドの街づくりをリードしてきました。レンガ造りの歴史的建造物を大切に扱い、また店舗やレストラン、オフィスや住宅がミックスしながら複合するように誘導していった結果、朝は住民が早くから散歩したり、カフェで朝食をとり出勤していき、しばらく経つとまた別の出勤する人たちがやってきて、昼はランチを食べる。また夜は、働いている人や帰ってきた住民がディナーを楽しむという具合に間断なくにぎわいます。ただ、再開発がうまくいきすぎたせいで、人気が出すぎて住宅価格が高騰し、富裕層以外は入居できなくなる等の事態にもなっているのは悩ましいところです」と小林さん。

パール地区を歩くと、通りには、トラックの荷台の高さに合わせた積み出し口があちこちに残り、この界隈に倉庫が多かったことがわかる。試しに、倉庫をリノベーションした建物のひとつに入ると、人々が互いに派手なハロウィンのメイクをし合っていた。とても規模の大きな美容院にも見えたが、忙しそうなスタッフに聞いてみると、ここは美容学校なのだという。こうした古い建物群は、しゃれた店舗や飲食店に生まれ変わっているだけではない。ナイキ（ＮＩＫＥ）の広告を手がけて世界に展開する広告代理店ワイデン＋ケネディ（Wieden + Kennedy）も、このパール地区に本社を置いている。

リノベーションの対象も古いビルばかりではない。なんと一九世紀の古い要塞が市民のための劇場に生まれ変わっている。一八九一年築造のオレゴン州兵本部のあった軍事要塞は、時代の流れを感じさせる一〇〇年以上前の建物で、外から見るといかめしく縦長の銃眼がのぞく。

二〇〇六年にオープンしたガーディングシアター・アット・アーモリー（Gerding Theater at the Armory）は、六〇〇席のホールと二〇〇席の小劇場を有している。リノベーションはていねいかつ大規模で、四年の歳月を費やしている。建物の中に入ると、頑丈な鉄骨で大空間が補強され、かつての要塞が劇的に転換し、柔らかな感性を宿す劇場となっている。

劇場ロビーにあるバーカウンターの横の壁を何気なく見ると、表から見えた銃眼が館内にもそのまま残っていた（写真6）。バーで一杯やりながら、いかめしい軍事要塞を劇場につくりかえ、市民に愛される演劇をはじめとした文化発信の場となったことに感慨を覚えた。こちらもＬＥＥＤのプラチナ賞を受賞している。

写真6　今も残る銃眼

在ポートランド日本国総領事館の古澤洋志総領事からは、この劇場で近く苦難の「日系人の強制収容所体験」を描いた作品を上演する準備を始めていると聞いた。サンフランシスコのジャパンタウン一一〇周年を記念してつくられたミュージカルで、日系人の歴史とルーツを掘り下げる舞台が評判となった「日本人町」をテーマとした『Nihonmachi: The Place to Be』はロサンゼルスで上演され、大きな反響を呼び、ポートランド公演も大勢の観客を集めたようだ。

ブームに火をつけたエースホテル

こうして、パール地区では、使い道のないままに放置されていた歴史的建物群が連続してリノベーションされ、創意工夫に満ちた用途転換をしながら新たな街の風景をつくりだしている。日本の都市空間で見慣れている近代的ビル群がつくりだす無機質な空間に挟まれた歩道は、時間を決めた行き先や目的を持った人たちが先を急いでいる。歩く、移動するという機能のみの通路だ。

リノベーションで変容するポートランドの市街地では、一階を開放的な店舗にしていて、ゆっくりと歩き、ついつい立ち止まったり、寄り道をしたり、気分のままに「少し話して帰ろうよ」と誘い込まれる。空間や機能一辺倒でない遊びや、過去と現在の共存する味わいのある雰囲気に、プライベートなひとときにも、散歩してみたいと足どりも軽くなる。路上カフェに腰かけて、目を閉じて耳を澄ませば「街の鼓動」が聞こえるようだ。

ポートランドブームのシンボルとなったホテルがある。一九九九年、ワシントン州のシアトルで開業したエースホテル（Ace Hotel）は、ポートランドが二軒目の展開となる。ここも以前は老朽化したホテルで、誰も見向きもしないような、古いくすんだラブホテルというイメージだった。ところが古い建物とホテルの刻んできた歴史に光をあてたリノベーションと巧みなデザインによって、ポートランド屈指の有名ホテルとなった。このホテルの魅力は、タイムスリップして忘れていた昔の家に帰ってきたかのような雰囲気にある。一階ロビーには、大家族が集うような、ゆったりとしたソファがコの字に置いてある。街の人がくつろぎ、ツーリストがパソコンを広げる。街のリビングルームのような温かい空気が胸をジーンとさせる。

近代的なホテルのように磨き上げられたピカピカの床や、シャンデリア等の装飾は何もない。静かでアットホームなフロントの横には、木製の階段が上階に続いている。一階には開業当時から、宿泊者が宿帳に名前を書き入れた木の机がある。触ってみるとツルツルと黒光りして、耐えてきた時間の長さを物語るようだ。中二階には、照明を落としたライブラリーがあり、落ち着いた時間を過ごすことができる。机や家具も、一〇〇年に及ぶホテルの旅人の往来を眺めてきた深みを刻んでいる。

エースホテルは、二〇〇七年にリノベーションで生まれ変わり、今やポートランドを象徴する場として、「ポートランドカルチャーのハブ拠点」などと言われている。あくせく先を急ぐのではなく、ゆったりと時間の流れに身を委ねてみる。ハイテンポで動き回るのではなく、じっくりと現在に錨を降ろす……。そんなエースホテルの空気が、人々を癒すのかもしれない。

「今や、ポートランドで一番人気があります。市内の一流ホテルより価格も高くなっているのに、それでも予約を取りにくいホテルですよ。一歩外に出て、近くにある使われていない「古いままのホテル」と比較すると、昔のこのホテルの面影を想像することができますよ」と黒崎さん。

「知の殿堂」パウエル書店

このエースホテルの近くには、私たちを「知の殿堂」に誘い込んでくれる素晴らしい文化拠点がある。パウエル書店(Powell's City of Books)は、圧倒的な蔵書量で六三〇〇平方メートルの売り場に書籍四〇〇万冊の在庫を誇る。その規模は、アメリカで最大だという。電子書籍の台頭で書店の廃業が相次ぐアメリカで、ポートランドにパウエル書店が存在していることの意味は大きい。

新刊は書店で、古本は古本屋で売られているという常識を破ったのが、パウエル書店だ。ここでは、「新刊」と「古本」が同じ棚に並んでいる。たとえば、ポートランドの建築文化という棚には、新刊本の合間に、二〇年前、三〇年前に出版された古本が値段を記されて販売されている。興味のある棚を見ていくだけで、時空を超えて著作物と出会うことが可能となる。

心から感心したのは書店員のレファレンスサービスだった。

「ポートランドの昔と今を対比する写真集を探している」と依頼したところ、広い店内で三、四カ所、該当するコーナーをくまなく案内し、書棚をチェックしながら、「こちらはどうですか」とついに探し当ててくれた。左ページに古い街の写真があり、同じアングルで撮影した新しい写真が右ページにある。見開きを眺めていれば、ポートランドの各所で流れた時間と変化をつかむことができる。「これだ、イメージした通りの本があった」と私は声をあげそうになった。古本の写真集を一四ドルで入手することができて、ホスピタリティ溢れるサービスに充足感を味わった(**写真7**)。

写真7　新刊書と古本がともに並ぶパウエル書店の書棚

「ドナルド・キーンさんもポートランドが好きで、この街に来ると必ずこのパウエル書店に来て、半日以上の時間を過ごすそうです」と黒崎さん。世田谷で行われたシンポジウムで、隈研吾さんも「パウエル書店は僕の大好きな場所」として、「古本と新本を一緒に売っているのがいい。本屋で古本も売ってくれたらいいですよね。それから、書店が開発したTシャツ等、雑貨も売っていてとても楽しい」と紹介している。パウエル書店の各フロアに雑貨コーナーがあり、私も楽しみながら、何点かのおみやげも買った。

廃校になった小学校のリノベーション

「昔の小学校が人気の宿泊施設になっているところがあ

るんですよ。ここも、週末は予約が取れないぐらいのにぎわいなんです。行ってみましょうか」と黒崎さん。

黒崎さんのおすすめは、ビール製造会社が買い取り、約三〇年前に廃校となった小学校をビール製造会社が買い取り、校舎のたたずまいを残したまま滞在型の宿泊施設に生まれ変わったケネディ・スクール（Kennedy School）だ。一九九七年に大規模なリノベーションを施して、学校の校舎がホテル、レストラン、ビール醸造所、バー、ショップ、温泉、映画館が入る施設となった。

写真8　時代を超えた魅力を持つケネディ・スクール

木造校舎の廊下には、子どもたちが学んでいた当時の写真や絵が飾ってある。歩くとぎしぎしと鳴る木の床は何とも懐かしく、小学生に戻ったようだ（**写真8**）。教室は、黒板や教室の雰囲気を残したまま、区切り直してホテルの部屋となっている。かつての校長室をホテルのフロントとしたり、地下のボイラー室のスチーム管や大きな機械類を撤去せずに残した「ボイラーバー」などのユニークな演出が、上質のサービスやおいしい食事とあいまって人気を呼んでいる。週末だったので、続々と家族連れがやってきて、休日を楽しんでにぎわっているところだった。かつての体育館は映画館となり、その手前にはバーコーナーがある。また、ビール製造会社が買い取ったこともあって、ブルワリーパブも人気がある。

小学校跡をビール醸造所やバーにする計画に対して、近隣住民の反対の声もあり、小学校の校舎を壊さずに残したことが大きな特徴となった。歴史を感じさせる木造校舎がもう一度小学生になった気分にしてくれる。エースホテルとも相通じるものがあるが、古く歴史のある建築物の良さを生かして、新築の建築物にはない「時代を超えた魅力」をかもしだしている。近代的に整理され、機能分化したホテルとは違い、このケネディ・スクールは古いものと新しいもの、子どもと大人も混じりあっている。家族で訪れて、ゆっくりと過ごすには、いい宿泊施設だ。一〇年前に、このケネディ・スクールを見て心を動かされたのが、黒崎美生さんの兄、黒崎輝男(てるお)さんだった。

黒崎輝男さんは、この施設を訪れて、ひらめきを得て、世田谷区池尻の旧池尻中学校の校舎に「世田谷ものづくり学校」を開設することを企画し、世田谷区に提案し、実現させたという。私の前任の熊本哲之(のりゆき)区長時代のことだ。世田谷ものづくり学校は、起業支援のブースや、設計や企画事務所のオフィスをかつての教室に入れている。宿泊施設やビール醸造所はないが、映画を楽しむ場があったり、パン屋や工房、自然エネルギーを扱う地産地消の「みんな電力」等、ユニークな入居者も多い。親子で参加するイベントに取り組んだりと、雰囲気はよく似ている。

スポーツの街、ポートランド

ポートランドを強く印象づけるのが、スポーツブランドの拠点であることだ。ナイキ（ＮＩＫＥ）やコロンビア・スポーツウェア（Columbia Sportswear）の本社、アディダス（adidas）のアメリカ本部があり、現在、ポートランドの主要産業となっている。黒崎さんが案内してくれたのが、アメリカでも最大規模のスポーツクラブのマルトノマ・アスレチッククラブ(Multnomah Athletic Club)だ。一八九一年に設立された民間非営利のこのクラブは、スポーツの街、ポートランドを象徴する施設で、五万六〇〇〇平方メートルの床面積と約二万二〇〇〇人の会員を持ち、入会するには四年に一度の抽選を待たなければならない。

驚かされたのは、クラブに隣接するスタジアム(ポートランド市立ジェルドウィン・フィールド)で行われる試合をクラブ専用シートで観戦することができるということだ。クラブ内のレストランのガラス戸を開けると、スタジアムに出ることができる。二〇一五年メジャーリーグ・サッカー(MLS)で初優勝したポートランド・ティンバーズなどの本拠地で試合を観るには絶好の特等席となっている。

リノベーション建築の魅力

ポートランドの街歩きでは、リノベーション建築を徹底的に見て歩いた。黒崎さんにポートランドを代表する建築家を紹介された。ホルスト設計事務所(Holst Architecture)のジェフリー・ストゥアーさんだった。

「エコ・トラストをはじめ、吹田良平さんが著書で紹介したクリエイティブな人材を輩出してきたアートカレッジであるパシフィック・ノースウエスト・カレッジ・オブ・アート(PNCA)も、一九八〇年代から二〇一五年までの間に計画されたパール地区のリノベーションや新築ビルの四分の一は彼が設計しました。彼の仕事がなければ、現在のパール地区はなかっただろうという伝説的で著名な建築家なんです」と黒崎さん。

ウィラメット川沿いのコンベンションセンターに近いホテルイーストランド(Hotel Eastlund)は一九六二年に建てられたもので、彼の手で再生されている。一度スケルトン状態にまで戻し、リノベーションしたものだという。外から見ると、どこから見ても真新しいモダンなホテルに見えてしまう(**写真9**)。

「新築も好きだけれど、古い材料を生かして、ビルを再生するのが好きだ」と語るジェフリー・ス

写真9　リノベーションされたホテルイーストランド

写真10　ニューシーズンズ・マーケットの天井を見上げる

トゥアーさんは、自分の手がけている建築現場を案内しようと提案してくれた。

まず向かったのが、地産地消の商品を扱うスーパーマーケットで、ポートランドで人気のニューシーズンズ・マーケット(New Seasons Market)を、工場跡で大規模なリノベーションを施してつくりかえた現場だった。大きな店舗の中に入って左右を見渡しても工場跡の痕跡は見当たらないが、上の方を見上げてみると確かに年月を重ねた工場の天井がそのままになっている(写真10)。スーパーマーケットの店舗としては、工場の屋根は必要以上に高いので、もともとの工場の天井のはるか下に新しい天井を張ってしまおうというプランがあったという。工場跡の天井のはるかに低い位置に天井を張るというアイデアを、ジェフリー・ストゥアーさんは、「それはダメだ」と拒んだという。あくまでも工場だったことを隠さずに、天井を張らないままに店舗に転換したそうだ。

ニューシーズンズ・マーケットは、市民に好評のスーパーだ。ポートランドで始めた店舗は、地元優先の「ローカル・ファースト」(local first)を掲げて、生産者の顔が見える食材を扱う。徹底的にオーガニックで質のいい新鮮な農産物にこだわり、生産者と消費者を信頼でつなぐ姿勢が共感を生んで、このスーパーマーケットが出店すると地域価値が上がると言われているほどだ。やや価格は高いが、地産地消の食文化を支えている(参考=百木俊乃『緑あふれる自由都市 ポートランドへ』イカロス出版、二〇一六年、九九頁)。

中心市街地の二つの歴史的建造物をつなぎあわせてリノベーションした大学のキャンパスがある。オレゴン大学建築学科ポートランドキャンパス(University of Oregon, School of Architecture and Allied Arts Portland)で、都市建築、都市デザインを専門とする同大学のハヨ・ナイス准教授から説明を受けた。小林さんの教えてきた明治大学の学生たちが数人、ナイス准教授のもとで学んでいる。

この大学のキャンパス自体が、挑戦的で果敢な取り組みをしている。ここは二つの歴史的建造物が並んで建っている。大胆にもこの二つのビルの間の上部にガラス屋根をかけてアトリウムとし、イベントや展示などができる独特のスペースを生み出している。もちろん、二つの建物の間に屋根をかけただけでは双方の建物から出入りすることはできない。そこで、従来の建物の隣り合うそれぞれの地上階の外壁を取り去り、行き来ができるようにぶち抜いてしまった。こうして、地上階では二つのビルがひとつにつながっていく。当然、地上階の壁を大きく取り去ってしまえば、上の建物が崩落しないように支えなければならず、古いレンガ壁を大掛かりな鉄骨の梁（はり）で支えてビルとビルの間は吹き抜けにしていた。上階部分の荷重に耐える頑丈な鉄骨と、その大胆な発想に驚いた。

山崎満広さん（ポートランド市開発局）に聞く

続けて、ポートランド市開発局（Portland Development Commission; PDC）で働く日本人の山崎満広さんを訪ねて、市の開発の歴史や、民間資金を活用するＴＩＦ（Tax Increment Financing）などについて聞いた。山崎満広さんは、すでに二〇一七年にＰＤＣを退職して独立しているが、ポートランドの街づくりを日本に紹介する窓口の役割を果たしてきた。『ポートランド――世界で一番住みたい街をつくる』（学芸出版社、二〇一六年）という著書もよく読まれている。

「ポートランドの魅力は、住んでいる人たちが楽しいと感じているところにあるんです。路面＝ストリートを生かして、歩いて楽しい街づくりをした。そして、ゆっくりと二〇年先を見た街づくりを行ってきたことも今日につながっています。ポートランドで街づくりをしようとする時には、住民参加のワークショップを重ねて、コミュニティデザインを形成しないと、そもそも建築許可が降りないんです」と山崎さんは強調した。

ＰＤＣは、一九五八年に設置された都市再生と経済開発事業を行う機関だ。発足当初は、古くなった歴史的建造物をなぎ倒し、ビル街に変えていくような手法を取ったこともあったが、ポートランド市民から支持されなかった。住民自治組織であるネイバーフッド・アソシエーション（Neighborhood Association）の活発な活動のもとで、「住民参加の街づくり」が進み、ワークショップや対話集会を積み上げて民意を汲み取り、「官民連携型」の街づくりを目指すようになる。山崎さんはＰＤＣのポジションをこのように表現する。

これはあくまで個人的な意見だが、ＰＤＣはある意味ポートランドのまちづくりにおけるプロジェクトマネージャー的な存在だと思う。市の縦割りになっている各部署、デベロッパー、建築家やエンジニア、ネイバーフッド・アソシエーションやテナントなど、ニーズの異なるグループを召集し、都市の再生、すなわち街の価値を上げるという大きな目標に向かって皆で知恵と資金を出しあえるようにまとめる役割を担っている。（前掲書、一四一頁）

長期的な視野を持った都市計画のもとに、細部にも目を配りながら、街をつくりかえていく。その資金はどうしてきたのだろうか。

日本にはあまりなじみのない資金調達方法がある。TIFと言って、将来にわたる税額控除による資金調達である。

TIFは、都市再生や地域開発などのプロジェクトにおいて、開発後に固定資産税や事業税などの税収が増えることを見込んで、その将来の税収増を返済財源にして資金調達を行う手法である。一九五二年にカリフォルニア州で法制化されたのが始まりで、オレゴン州では一九六〇年に採用され、ポートランド市ではPDCがその実行機関となった。(前掲書、一五五頁)

山崎さんからの説明を二、三度聞いて、ようやく飲み込めた。日本では、土地評価に基づいて融資が実行されるのが通常である。その土地担保制度が頭に染みついているせいか、にわかに理解しづらかったTIFという制度は、斬新なものだった。再開発をすることによって、時流の先端を行く店舗や工房が同居するオフィスになり、付加価値がつくことを見込んで、将来の固定資産税の上昇分を返済財源として投資をしていくという考え方である。山崎さんによると、PDCのこの手法は成功していて、資金の九七%はTIFによる固定資産税の増加分によってまかなっているとのことだ。荒廃したダウンタウンの再生に向けて、二〇年間と期限を区切って再開発資金を前倒しで投資する手法は確実に成果を生み、その果実を回収する時期に入っているということがわかった。

世田谷区の基本構想「歩いて楽しいまち」

世田谷区で私は、二〇一一年から、二〇年の長期ビジョンである「基本構想」づくりに取り組んだ。基本構想審議会(森岡清志会長)をつくり、小林さんも建築・都市計画の専門家として委員をつとめている。会長職務代理だった社会学者の宮台真司さん(首都大学東京教授)の提案で、会議はすべて公開しインターネットで中継配信され、アーカイブで視聴できるようにして、一年半にわたって議論をし続けた。できあがった基本構想は九つの短いビジョンを列挙した形式となっているが、都市計画・街づくりに関しての記述は次の通りだ。

一、より住みやすく歩いて楽しいまちにする
……区民とともに、地域の個性を生かした都市整備を続けていきます。駅周辺やバス交通、商店街と文化施設を結ぶ道路などを整えます。歴史ある世田谷の風景、街並みは守りつつ、秩序ある開発を誘導し、新しい魅力も感じられるよう都市をデザインします。空き家・空き室を地域の資源として活用するなど、より住みやすく、歩いて楽しいまちにしていきます。(「世田谷区基本構想」二〇一三年九月二七日区議会議決)

世田谷区の基本構想のなかでも「歩いて楽しいまち」という言葉は、街づくり理念の核となっている。山崎さんの語る「先を見た街づくり」が、どのようなプロセスで進んだのか。「歩いて楽しい街づくり」は、私たちが世田谷区で掲げたビジョンと同じ言葉だが、ポートランドで政策転換が行われ

たのは一九七〇年代なので、はるかに昔のことだ。ポートランドの歩みには、長期ビジョンを掲げて、巧みに事業を展開してきた都市計画と交通政策があった。

ポートランドの都市デザイン方針

一九七〇年代のポートランドは、環境都市に向けた都市戦略の転換が大きく進んだ。金銭的利益と産業優先の社会から、精神的価値と人間優先の社会への歩みは交通政策にも色濃く反映する。一九七二年に三二歳で登場したニール・ゴールドシュミット市長は「ドーナツの逆を行こう」と宣言し、自動車交通によって郊外へとスプロールするドーナツ現象の反転を呼びかける。

ポートランドが目指したのは、「徒歩二〇分の生活圏」をつくりあげることだった。一九六九年には市議会で、ポートランド都市圏全体の公共交通を運営するトライメット(TriMet)が設立された。人々を中心市街地に呼び戻すために、市の中心部をストリートカー(写真11)でまわれるように路線がつくられ、郊外にはMAXと呼ばれるライトレール(軽鉄道)で結ぶネットワークを構築した。ライトレールの整備費約一〇三億円のうち四〇%をポートランド市交通

写真11　市内を走るストリートカー

局が、二一％をＰＤＣが負担したという。

「最初にポートランドに来た時に、驚いたのは中心部のストリートカーが無料だったこと。ここまで、きちんと交通政策を提示できれば街は変わると実感した。市民の足となっているから、食事に出る時に、駐車場を気にしないで街に出かけられるのがいい」と小林さんが語る。

調べてみると、公共交通では二〇一二年の九月まで市内に無料で利用できるゾーンが設けられ、自動車利用の抑制に大いに貢献している。さらに、自転車で走れる交通環境づくりにも力が入っていく。

ポートランド市都市環境計画局主任計画官ジョー・ゼンダーさんを訪問して、長期にわたるポートランド市の都市再生の取り組みについて、市の総合計画にもとづく都市デザイン方針と成長戦略に関わる話を聞いた。

「ポートランドは全米各地から次々と人々が転入してきています。現在、人口増を見据えて長期計画を見直しています」とジョー・ゼンダーさん。

都市デザイン方針は、今後二五年間のポートランドの成長と変化を見据えて作成された。「中心市街地」「街路」「公共交通」「緑道」「生態系」「就業地」「地区特性」という七つのテーマを扱っている。私が興味を持った「街路」の項では、「街路のデザインが市の成長戦略の重点項目」であるとして、「駐車レーンを高木に置き換える」「一車線を公共交通用とする」「商業地の街路沿いは一階を商業用途に、二階以上を住居にする」「住宅地区では建物をセットバックさせて、歩道と建物の間に空間を設ける」などの都市デザインの考え方を示していた。

一方の成長シナリオレポートはゼンダーさんが主任計画官として作成したもので、二〇一二年に定めた総合計画(二五年間)に書き込まれている。ポートランド市の人口は増加を続け、二〇三五年には約七五万人程度に、雇用は五〇万人規模に成長すると予測している。

「人口が集まることで公共交通が成立して、都市が成り立っていきます。二〇三五年プランでは、ポートランドの中心部に一二万戸の住宅を増やしたいと思っています」と語るゼンダーさんに、「ポートランドの人気が高まって、移住者がそれだけ増えていくと、物価や家賃が上昇したり、環境が悪化する心配はないですか」と聞いてみた。「たしかに、その点は、みな心配している。徒歩二〇分の生活圏があり、暮らしやすい魅力があると移住者の増加が続いている。年間六〇〇〇戸の住宅供給をしているが、まだ足りない。ただ、固定資産税の課税評価額を三％以上値上げしてはならないとオレゴン州法で決められていることで、抑制はされている」とのことだった。どういう効果があるのだろうか。

「固定資産税課税評価額を毎年三％以上あげてはならないというオレゴン州法は、二〇年ほど前に州民投票で立法化されました。ただ、実際の不動産価格と課税評価額との間には、大きな開きがあります。年々ポートランドの不動産価格は上昇していますが、これよりも安い固定資産税評価額なので、賃貸料が市場水準よりもやや低く抑えられるということですね」と不動産市場にも詳しい黒崎さんが解説してくれた。

一方、日本と同様に子どもがいる世帯は減り続け、一世帯あたりの人数が二〇一〇年の二・三人から二〇三五年には二人程度まで減少すると予測している点は興味深い。すでに、世田谷区では一世帯あたりの人数は二人を割り込み、最近では一・九人となっている。

4

環境破壊に襲われた一九七〇年代のポートランド

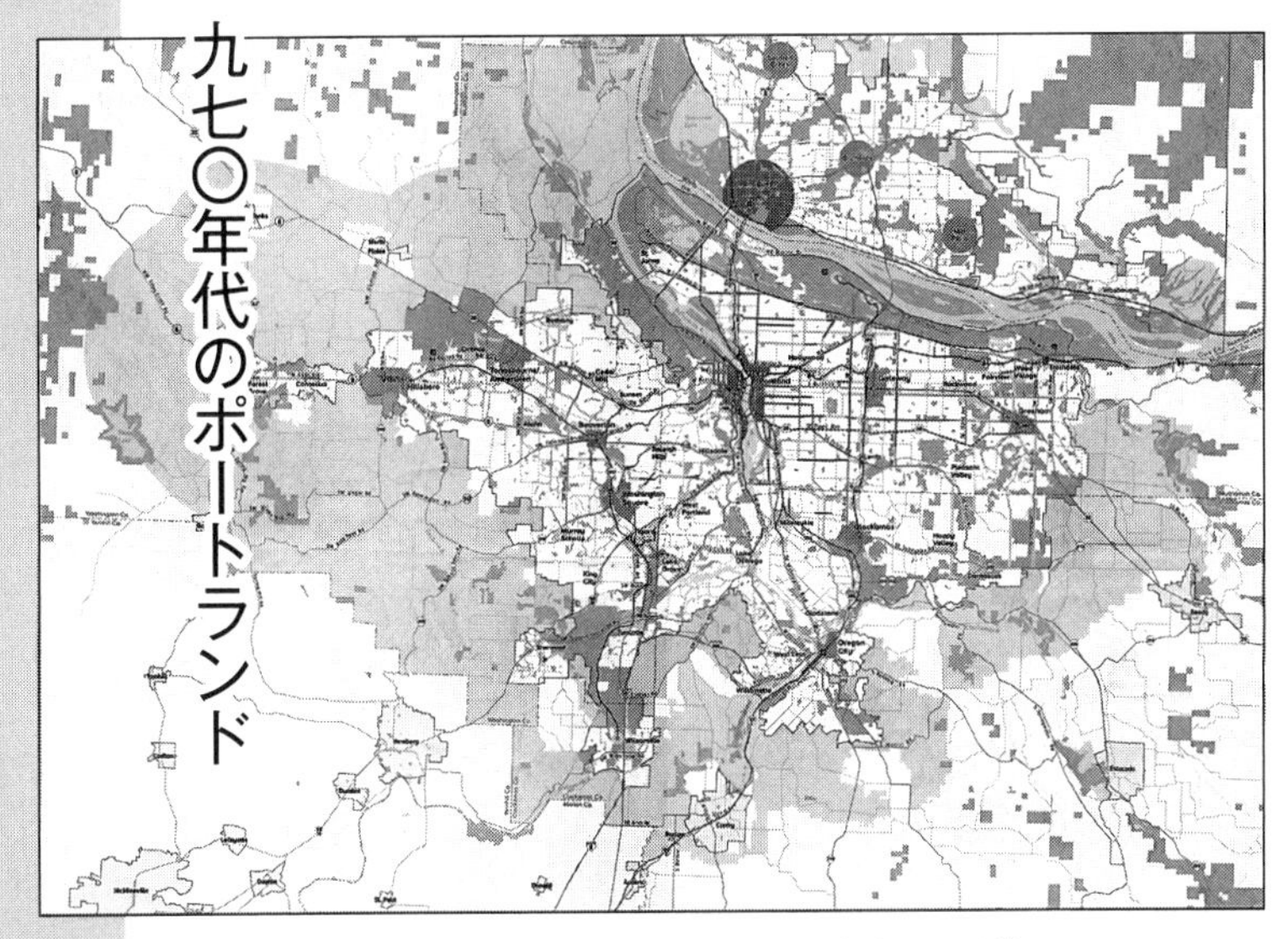

市街地の無秩序な拡大を防いでいる都市成長限界線

〈暮らしやすさ〉の都市戦略

こうして、二〇一五年一一月のポートランド初回訪問は、わずか三泊四日の滞在で、「環境都市」「スローライフ」「リノベーション」をテーマに、ハードスケジュールで駆け足でまわった。限られた日程でおよそ二〇カ所のポイントを訪ねる貪欲な視察だった。「ポートランドの魅力」とは、二〇年から三〇年、いや五〇年単位で計画され、実行に移され、結実していった「都市戦略」を基本にしてきたことを歩きながら実感した。撮影してきた写真を多く入れながら、二〇一五年の年末にレポートをまとめた(「ポートランドという魅力、〈暮らしやすさ〉の都市戦略」『ハフィントンポスト』二〇一五年一二月二二日)。

このブログは備忘録もかねて詳細に書いたものだが、予想を超える多くの方に読んでもらった。掲載後の反響が大きかったので、二〇一六年になってから、次々と公開で報告の場を設けた。ポートランドの街づくりをテーマに、建築家や都市デザインの専門家を交えたシンポジウムや勉強会を連続して企画すると、短い予告期間にもかかわらず、SNSで次々と申し込みがあり、定員近くになってあわてて「満員御礼」を出すほどの強い関心が寄せられた。

「〈暮らしやすさ〉の都市戦略」という言葉は、ポートランド報告を書きながら浮かんできた私の造語だ。「住みやすさ」でもあり、「住み心地のよさ」でもある〈暮らしやすさ〉という平易な日常語と、「都市戦略」というあまり日常的でない用語を結びつけてみた。一九七〇年代のポートランドが目指した都市モデルの大きな転換は、人間が尊重され、健康に暮らしを楽しむ街づくりへと向かっていった。人が居住地をどこにするかを定める時に、〈暮らしやすさ〉は大きな選択規準となる。

先にふれたように、一九七〇年代の日本では、大気汚染や河川汚濁に対して、健康被害を受けた人たちが訴訟に立ち上がり、異議申し立てを続けた。生活排水に含まれる「合成洗剤」が問題となり、作家・有吉佐和子さんの『複合汚染』(新潮社、一九七五年)がベストセラーになるなど、環境問題を基軸にポートランドと東京を結ぶ時代認識の共通点はいくつも挙げることができる。

都市の膨張を食い止められなかった日本

違いもある。東京は郊外へ郊外へと居住区を広げ、住宅開発を拡大し、やがて一時間や二時間の遠距離通勤が当たり前になった。首都圏の急激な膨張を、オレゴン州ポートランドのように厳格に規制することはできなかった。高度経済成長とともに首都圏では、郊外へ、さらに郊外へ住宅開発を許していった。

日本でも問題意識がなかったわけではない。むしろ、都市の郊外への際限なき膨張をコントロールしようという発想は多くの都市計画専門家たち共通の思いであった。戦前、一九三九(昭和一四)年に環状緑地帯計画を策定し、東京の周辺部には環状緑地帯、すなわちグリーンベルトを確保しようとする動きがあった。また、戦後も一九五八(昭和三三)年にイギリスのグレーターロンドン計画にならって策定された最初の首都圏整備計画では、既成市街地の周辺にグリーンベルトを設けて市街地の拡大を抑えて、東京の中心部を再開発するという考え方が示された。

六三万人のコンパクトな中都市であるポートランドと、一三五〇万人の東京都や近県を含めた約四〇〇〇万人の首都圏とを同列で論じることはできないが、私たちは日本で、どこまで人間を大事にした街づくりをしてきたのかを問われている。

さらに、一九六八(昭和四三)年に制定された都市計画法では都市計画区域を市街化区域と市街化調整区域に区分して、市街化調整区域での開発を原則禁止としている。これは、現在に続く制度だが、世田谷区も含めた東京や首都圏のありようは、オレゴン州のように厳密に市街地と農地の境界線を長期にわたって保持するという結果にはなっていない。人口減少時代に入った今も、東京や首都圏の農地は宅地化の波にさらされ、浸食されている。ポートランドの市街地に緑の森や農地が迫っているのは、都市の膨張を都市成長限界線(UGB)で制限したからだ。結果として、オレゴン州で実現した都市計画が、なぜ東京で、日本で実現しなかったのか、これは未来に先送りできない重要な問題だ。

一九六〇年代の日本では、経済成長と企業業績の向上のために、人間の身体や生活リズムは犠牲になった。「通勤地獄」ならぬ「痛勤地獄」という言葉が使われるほどに、朝夕のラッシュアワーの混雑率は異常に上昇した。私も、一九六〇年代の小・中学生だった頃、小田急線の相模大野から、千代田区麹町の小・中学校へ電車で通っていたから、「痛勤」ならぬ「痛学」は毎日の苦行だった。電車に乗ろうとして乗り切れない人たちを車内に押し込む鉄道会社の「尻押し」は日常の光景で、とくに新宿に近づく下北沢あたりで限界に達して、バリンと車内の人の圧力で電車のガラスが割れることも何度かあった。密閉された空間の車内で、あまりにも人が多いので、酸素が薄くなり、目眩(めまい)がして倒れる人や気分が悪くなる人も続出した。

「団塊の世代」の一斉退職や複々線化によって、都心と郊外を結ぶ私鉄各線の混雑率は緩和され、「ゆるやかな減少傾向が続くだろう」と言われた時期もあったが、「東京への一極集中」が進むなかで再び混雑率は上昇してきている。一九七〇年代から一九八〇年代にかけての混雑率は、乗車定員の二五〇％をオーバーするのも当たり前だった。現在は、往時ほどでないにしても、小田急線の世田谷代田―下北沢間で一九二％となっている（二〇一六年度国土交通省）。その後、二〇一八年春に複々線化が完了すると混雑率は緩和された。

住民参加が鍵

「都市計画」と書くと、ひと握りの官僚やエリート集団が青写真を描いて、地元住民からどのような声があがろうとも耳を傾けることなく、既存の「計画」を一〇〇％実施するというイメージがある。日本では、近代の都市計画は「官僚主導」で進められてきたし、残念ながら二一世紀の現在も、その色彩がまだまだ残っている。

ポートランドで「高速道路撤去運動」を実現した原動力は市民運動だったわけだが、それは一時のムーブメントにとどまらず、その後に「住民参加の街づくり」が定着していく。重要な決定プロセスに地域住民が参加し、時間をかけて意見交換を重ねていくことが定着している。住民にとっての〈暮らしやすさ〉を実現する自治組織であるネイバーフッド・アソシエーション（近隣自治組合）が地区に存在することの意味は大きい。

制約される自治権

世田谷区の人口は二〇一八年一月一日現在で、九〇万人となった。東京二三区の特別区のひとつでありながら、七つの県（佐賀県・島根県・鳥取県・高知県・徳島県・福井県・山梨県）の人口を上回っている。ところが、特別区と呼ばれる東京二三区は地方分権の大きな流れから「例外」として扱われてきて、全国の自治体が持つ権限を大幅に制約されている。たとえば、都市計画決定権限や固定資産税、法人住民税、都市計画税等の徴収権限は東京都に取り上げられている（都税事務所で徴収されたこれらの税は、都が四五％、区部が五五％に分けられて、二三区に再配分される。これを財政調整制度という）。同じ自治体でも特別区のみが権限を制約されているとは悔しい限りだ。

ライブハウスや小劇場をつなぐにぎわいを創りたいと計画する時に、最初に越えなければならないハードルは「用途地域」だ。「商業地域」となっていないエリアを用途変更する権限は、全国の市町村長にはあるが、特別区だけは、東京都が権限を握り、区は持っていない。劇作家の坂手洋二さんに教わってソウルの演劇の街を歩いてみた。韓国・ソウルのテハンノ（大学路）には、一五〇もの小劇場が密集して演劇やミュージカル、コント等が連日上演されている。駅前にはチケットセンターがあって、これから始まる上演作品のチケットを入手することも可能となっていて、「芝居の力」でわきかえっている。このエリアで小劇場が入るビルを建てると、固定資産税が減免される。この「固定資産税の減免」という切り札は、街づくりを誘導するのに有効なツールとなる。

演劇タウンのテハンノは「韓国の下北沢」等と旅行ガイドに紹介されているが、劇場の数は下北沢より一桁多い。下北沢は商業地域だから小劇場は今も各所に生まれているが、用途地域の制限が多い世田谷区で、さらに文化集積の可能なエリアを創ろうとすると「制度の壁」につき当たる。それでも、「制度の壁」を越えて苦労してきた私の経験から見るポートランドの街づくりは、「さあ、やってみよう」という元気を与えてくれる。〈暮らしやすさ〉の価値を前面に掲げて、「人間優先の街づくり」を目指し、そして確実に進めてきたポートランドに触発される点がいくつもあった。

無作為抽出型区民ワークショップ

住民参加という点では、世田谷区にも集積がある。先に紹介した「世田谷区基本構想」(二〇一三年九月議決)をまとめていく時に、多様な意見を集約する手法のひとつとして採用したのが「無作為抽出型区民ワークショップ」だった。原則公開で丁々発止の議論を展開した基本構想審議会の議論は、毎回大勢の傍聴者を集めていたが、世田谷区の人口規模から見れば、ごく少数の人のみぞ知るという人数にすぎない。そこで、住民の幅広い意見を聞いていくために、満一八歳以上の区民の住民基本台帳から「無作為抽出」で一二〇〇人に招待状を送付した。平均的な年齢分布とするために若い世代には多く、六〇代以上には少なく発送数で傾斜配分をかけた。一一七人が出席したいと回答してきたが、実際に会場に現れたのは八八人だった。この日の記憶は鮮やかに残っている。

二〇一二年六月三〇日、土曜日の朝から世田谷区役所で「無作為抽出型区民ワークショップ」は始まった。話し合いのテーマは「世田谷区で今後二〇年の間に実現させたいこと」「その実現に向けて区民自らできること」だった。話し合いは夕方五時まで続いた。その様子を私はかつて、次のように記した。

朝一〇時開始、夕方五時終了という長時間にもかかわらず、二〇代から七〇代までの八八人が集まり、世田谷区の未来ビジョンをめぐって語り合いました。

五人前後のテーブルに区職員もひとり入って、ワールド・カフェ方式で話しあいます。テーマごとに自由に席を移動しながら語り合い、最後に一番最初のテーブルに戻って全体のまとめをやります。

静かな感動を覚えたのは、二〇に分かれたグループがそれぞれのビジョンをたった三分間にまとめて語り終えた時のことでした。（保坂展人『八八万人のコミュニティデザイン――希望の地図の描き方』ほんの木、二〇一四年、二二〇頁）

参加者からのこんな声が印象に残った。

「自然や歴史を含む景観を残していきたい。区民自らがグリーンコミュニティをつくりだし、欧米諸国に見られるトラスト制度の導入を提案したい」

「徒歩や自転車等を尊重する環境にやさしい交通手段を選択し、利便性のみを追求しない交通整備のために、自然を残すのであれば多少の不便を受け入れよう」

「地域では世代を超えたコミュニティを復活させたい。かつての寺子屋のように、高齢者が子どもに教えるという環境をつくる」

「昔ながらの街並みといった景観を大事にしつつも、利便性を損なわない都市計画が必要で、そのシンボルとして「電柱のない街」を提案する。プライバシーを尊重しつつも、孤立はしないという非常によい関係の街にしたいので「フレンドリーな街」を目指す。とりあえず、お互いの挨拶から始めよう」

「世代間交流を進めていくため、教育施設とシニア施設の一体化、スマートフォンや電子情報を使った新しい回覧板システムでコミュニティを形成する。区と大学の連携をはかり、祭りや行事に若い人たちを誘う。区内で「達人」登録を進める。たとえば、お花の手入れが上手な高齢者や、昔教員だったのでプラネタリウムで丁寧な説明ができる等、一芸にすぐれた人たちの才能が発揮できるような仕組みをつくる」

今、二〇一二年からの歩みを経て読み返してみると、二〇年にわたるビジョンを創る上で、大事なタイミングだったと感じる。この二〇グループの発表には、住民自らが考え、動き、地域を変えていこうという熱気があった。参加者からの要望で目立ったのは、このような会に継続して参加したいという声だった。「行政にあれをやれ、これもやれと注文は出さない。そのかわり、私たちが参加できる今日のような場を提供してくれ。地域をよくするためならお金も、労力も惜しまないのだから」という意見が何人かの参加者から出ていた。

これ以来、世田谷区役所では、「無作為抽出型区民ワークショップ」を、区民の意見を汲み取る必要がある際に様々な場面で使っている。この方式は、有権者名簿からクジで選ぶ裁判員制度にも似て、幅広い層に範囲を広げて多様な意見を聞く時には、有意義な手法だ。

この手法は広範囲の課題を論じるのに相性がよいが、「地域の問題を地域住民が解決する」という住民自治とは一線を画している。どんなテーマ設定をして、意見を聞くのかを行政側がハンドリングしていることは事実だ。ただ、顔と顔がつながる地域で責任を持って意見を出し合う住民自治と、行政の広域的課題に自由に意見を出し合うワークショップを組み合わせていくのもいいのではないかと考えている(参考＝世田谷区のホームページ「区民ワークショップ開催結果概要」二〇一一年八月一〇日)。

「脱原発」を街づくりの哲学に

東日本大震災と東京電力福島第一原発事故から、二〇一八年で七年が経過した。私はできる限り、三月一一日には、区職員を派遣している宮城県南三陸町の追悼式典の場に出向いている。一方、区民がホスト役になって福島県の親子を年に何回か世田谷区の宿泊施設で受け入れる「ふくしまっこリフレッシュイン世田谷」の企画で、思い切り遊びまわる子どもたちのかたわらで、原発事故後の福島県内の話を聞いている。

一九七〇年代の大気汚染や河川汚濁と違い、放射性物質による環境破壊は目に見えない。地震と津波で全電源喪失に陥った福島第一原発が次々とメルトダウンを起こし、大量の放射性物質が放出され、汚染をひろげた。今もなお、原発周辺の市町村を離れて避難する人たちの苦悩は深い。にもかかわらず、日本政府は「原発」にしがみつき、「再稼働」を企て、「原発新設」の機をうかがっている。また他国に商談としての原発建設を持ち込む「原発輸出」に力を入れてきた。

原発事故の直後(二〇一一年四月)に、私は「脱原発」を掲げて世田谷区長に当選した。以来、「再稼働」にこだわり事故を教訓化しようとしない政府の姿勢には、異を唱え続けている。原発事故の収拾と廃炉の工程表さえ描けず、重大事故時の避難計画さえ定まっていない。

あの福島第一原発事故の渦中、私は福島県南相馬市の支援に取り組んだことを思い出す。原発事故からまもない二〇一一年の三月下旬に南相馬市役所で会った桜井勝延市長（二〇一〇年から二〇一八年まで、二期八年）は、救援に入った私たちに怒りをこめて語ってくれた。

「国からも、東京電力からも、いまだに何の連絡もないんです。南相馬市は三つに分断されました。原発に近い小高区には避難指示が出て住民は立ち去りました。二〇キロ圏内から三〇キロ圏内には屋内退避、それ以外のところは規制外です。市役所には市民の問い合わせが殺到しています。「市長、自分たちはどうしたらいいのか。逃げた方がいいのか、はっきり言ってくれ」と。ところが、私のところにはテレビしか入ってくる情報はない状態です。「正確な情報もなしに判断することはできない。待ってくれ」と説明しても、なかなか納得してもらえないんです」

国は立往生していた。各省庁の垣根を越えて、緊急に動く態勢がつくれなかった。「官僚主導」は平時の管理には強くても、非常時には機能しなかったことを忘れるわけにはいかない。住民にとって、最も身近な自治体が重大な判断を何の情報もなしに迫られるという事態だった。

福島第一原発の電気は、すべて首都圏に送られていて、福島には供給されていなかった。しかし、重大事故が起きてしまうと、原発周辺が最も汚染がひどく、風向きによっては多少距離があっても影響が甚大で、住み慣れた故郷を離れなければならない人がたくさん出ている。

南相馬市から帰ってきた翌日、旧知の友人から私に急遽（きゅうきょ）会いたいという話があり、会ってみると、「世田谷区長選挙に立候補してほしい」という要請だった。三月の末のことだった。私自身が驚くほどに急な話だったのだ。四月二四日投開票で、選挙まで三週間余りしかないという。

この頃、テレビでは刻々と東京電力福島第一原発事故の様子を伝えている。一瞬にして多くの人々の生命を奪っていった津波の残酷で無慈悲な力にも言葉を失った。この直前まで、それぞれの人が、「人生の予定」を持ち、計画を携えていたことだろう。その上、原発事故が危機に追い打ちをかけた。私もこれまですごしてきた日々が大きく変わるのを感じていた。それまでは、自分が活動するのは、国会であり永田町だと決め込んできたが、自治体の役割は私が想像してきた以上に大きい。立候補の要請を短期間で承諾し、選挙準備に走り出した。地域から、自治体から日本社会を変えていこうと意気込んだ。急を聞いて友人たちや地域の仲間が動いてくれて、準備期間のない短期戦を制することができた。


ポートランドと私をつないだ高橋ユリカさんは、オレゴン州で消費される電力は、原発による電源を利用していないところに注目したようだ。ユリカさんは早稲田大学の学生の頃にオレゴン州立大学(Oregon State University; OSU)に留学したことがあり、二〇一一年の東日本大震災から半年ほどして、脱原発とエネルギー問題に強い関心を抱いてポートランドを訪れることになったのだという。黒崎美生さんは語る。

「東日本大震災が発生してから、オレゴン州から支援のための視察団が多く日本に出かけていきました。当時、ユリカさんは訪日する視察団をサポートするボランティアとして活躍していました。私が東京にプライベートで戻っている時に、早稲田大学の同窓生でもあり、学生時代にオレゴン州立大学に留学したこともあるユリカさんと出会って意気投合したんです。まもなく、ユリカさんはポートランドを何度か訪れ、エネルギー問題を中心に取材をしていました」

そこで、先にふれたように東京でユリカさんに黒崎さんを紹介されるということになる。ただ、私の前でユリカさんが語るポートランドは、「環境都市」「リノベーションと住民参加」等で、エネルギー問題ではなかった。私は、一九八〇年代に原発計画を廃止し自然エネルギー開発を積極的に進めるデンマークのロラン島に、二〇一三年八月に視察に行っている。おそらく、ユリカさんは原発のことも私に伝えていたのかもしれないが、「ポートランドは環境先進都市」「リノベーションを活用した街づくり」の方が強く印象に残ったのかもしれない。まさに、二〇一一年の東日本大震災と東京電力福島第一原発事故が多くの人を結びつけ、ポートランドを浮き彫りにしたのだと改めて思う。

ポートランドの間口は広い。もし、私が三〇代のジャーナリストだった頃にポートランドに出会っていたら、まったく別の視点で驚きや発見があったのだろうと思う。街を歩きながら、世田谷区という九〇万人都市と比べ、いくつもの気づきと街づくりのヒントを得た。私の受けた感慨を一言で表すならば、「街は変えられる」「都市は哲学とビジョンによって再生する」ということに尽きる。長い時間をかけた技術と知恵、労力の継続と集積に対して、得心するところがあった。

短い期間に、街を歩くだけで見えてきたものは大きかった。願わくは、「過密スケジュール」ではなくて、「ゆっくり歩いて楽しむ」余裕が欲しかった。

5

ゆっくり歩くポートランド再訪

自転車の祭典「ブリッジ・ペダル」(写真提供：AP／アフロ)

ふたたびポートランドへ

ポートランドを再訪したのは、二〇一六年八月だった。

「八月のポートランドは、さわやかで過ごしやすく、一年でいちばん気持ちがいい時期です」と黒崎美生さんから聞いて、プライベートで妻とともに夫婦で滞在しながら、ゆっくりした時間を過ごすことを試みた。

ただ滞在中に、この年の秋の大統領選挙にむけて、民主党の大統領予備選をたたかってきたバーニー・サンダース候補の支持者に会って話を聞いたり、ポートランド市長を訪問する予定も、あらかじめ黒崎さんに段取りをお願いしていた。オレゴン日米協会の会長を務める黒崎さんは、工業不動産を手がけ幅広く人脈をつくっている。せっかくの訪問だから、市長にも、市議会議員(コミッショナー)にも会ってみたい。こうして、ゆっくりするはずが、あちこちに足を伸ばすスケジュールで埋まっていく。このあたりは、「のんびり」に徹しきれず、何でも取材や仕事にしてしまうジャーナリスト時代からのクセが抜け切らない。

成田とポートランドを結ぶデルタ航空の直行便は、夏期は一日一便、運行していた。お盆前の混雑期だったこともあって飛行機は満席で、しかも出発日の数日前のデルタ航空のシステムダウンが影響したのか、搭乗時間が迫ってもオーバーブッキングがなかなか解消しない。シートより乗客が多いという状態だ。

「明日の便まで待ってくれるボランティアはいませんか。ホテル代と五〇〇ドルのデルタ航空利用券をさしあげます」というアナウンスが搭乗口で続いている。なかなか応じる人は出てこない。やがて「一〇〇〇ドルの利用券」に引きあがった段階で、希望者が出てきたようだ。出発直前まで、いつまでも機内に案内されないのでヒヤヒヤした。ぎりぎりに搭乗して、九時間余りのフライトで到着する。

飛行機の中での時間は、あまり休まないで過ごした。コラム原稿も完成させたいし、最新の映画の一、二本は見たいと思うし、食事時間も楽しみたい。ついでに、抱えている仕事のいくつかを片づけてと……数十分うとうとする程度で到着時間が近づいてくる。

二〇一五年一一月の訪問に続いて、空港で迎えてくれたのは、ふたたび黒崎さんだ。今回は、前回見学したホテルイーストランドを旅の前半に予約することができた。部屋は清潔で、ゆったりと広く、休息にはぴったりだった。

ホテルの部屋からは、目の前にウィラメット川沿いのコンベンションセンター、対岸の街並みが見える。コンベンションセンター前の停留所から街の中心部までストリートカーで移動できる。二時間半で二・五ドル、一日五ドルで何度でも乗り降りできる。市街地をネットワークする路面電車の交通網は「歩いて楽しい街づくり」の重要なツールだ。

ポートランド州立大学（PSU）で毎週土曜日に開催されているファーマーズ・マーケットにも、路面電車に乗って出かけてみた。樹木が多くさわやかな緑陰を連ねる大学の構内が、まるごとファーマーズ・マーケットの会場となっている。広い芝生の空間がある分、ゆったりとしている。テントごと

写真12　ファーマーズ・マーケット

に、色とりどりの野菜や果物、花等の他に、軽食を出すコーナーもあって、タイ料理のヌードルを注文してすすった。食事をしている私の目の前で、女性二人がバイオリンを奏でている（**写真12**）。しばらく時を忘れて、美しいバイオリンの調べに聞き入っていた。

実は、ポートランド発のファーマーズ・マーケットは東京・青山で毎週開催されている。黒崎さんの兄である黒崎輝男さんが、先のケネディ・スクールと同様に、ＰＳＵのファーマーズ・マーケットを見て、「これだ」と触発されたそうだ。日本に帰ってから準備したのが、東京・青山の国連大学前でのファーマーズ・マーケットだ。国連大学前には、全国の有機農業の生産者が集まり、質の高いオーガニックなマーケットとして人気を集め、毎週土日に開催されている。ポートランドの空気にも相通じるものがある。すでに一〇年以上継続し、すっかり週末の青山に欠かすことのできないイベントとして定着している（**写真13**）。

ＰＳＵのファーマーズ・マーケットの後で、初回の訪問時にも訪れた、ポートランドの住宅地で開催されているヒルスデール・ファーマーズ・マーケットに再度、出かけてみた。ここは規模も小さく、売り手も買い手も互いに顔の見える地域密着の場だ。住宅地にこうして周辺の農家が、昨年見たように、もぎたての野菜や果物、花、家で焼いたパン、自家製蜂蜜等を並べて、周囲の人たちが飲食をしながらくつろいでいる姿があった。

オープンテーブルで焼きたてのパンを食べていると、「日本から来たのか」と初老の女性、娘らしき母、そして子どもたちの家族連れが声をかけてきた。「この子の名前は、ミツコと言うのよ。父親は日系人なのよ」とおばあちゃんが言う。かわいいリボンで髪の毛を結んだ女の子だった。気取らない普段着のままで味わうコーヒーも格別だ。

写真 13　国連大学前で週末に開かれているファーマーズ・マーケット(編集部撮影)

橋の街、自転車の街

ポートランドは、ひとつひとつの橋に個性と表情があり、「ブリッジタウン」とも呼ばれている。最近、そのポートランドにおいて画期的な橋ができたと黒崎さんが案内してくれた。「ティリカム・クロッシング」(Tilikum Crossing)というこの橋は、MAXオレンジラインのライトレール(軽鉄道)と、トライメットバス、そして自転車と歩行者のための橋。ここで、この橋のどこに特色があるのか、想像してみてほしい。自家用車等、バス以外の車が通行できない橋なのだ。

建築家の小林正美さんは「この橋は画期的」と語る。

「この橋は、米国内の主要な橋としては、自動車を通すことなく、初めて公共交通・自転車・歩行者のために建設された橋で、ポートランド市の「人間中心の街」という思想を最もよく発信していて、二〇一五年九月に完成しています。

市の南方地域が最近、住居および商業地域として開発されて人口も増えてきたため、東岸と西岸をつなぐ交通需要が大きくなってきました。しかし、既存の自動車用ブリッジでは路面電車の軌道を併設できず、自転車や歩行者が安心して渡れないため、軽快な斜張橋がデザインされました。川を見ながら、ゆっくりと人々が渡れるだけでなく、路面電車が円環状に市内を回れるようになったことが、市民生活の利便性を画期的に向上させ、橋の完成を市民は大変歓迎しています」

自転車の街、ポートランドを象徴するイベントがある。小林さんも、高橋ユリカさんも、過去に参加したことがあるそうだ。年に一回だけ、自動車専用道路や高速道路も車は止められて自転車一色となる。そして、ポートランド市内にある一一の橋を自転車で走破する「ブリッジ・ペダル」(Bridge Pedal)だ。私の滞在中に開催されていた。高速道路の入口へと色とりどりのヘルメットをかぶって軽快に自転車をこぐライダーが集まってきて、まるで「自転車の祭典」だった(本章扉参照)。

街を歩くと、オレンジ色のシェアサイクルが並んでいるステーションが目についた。

「オレンジ色のシェアサイクルは、前回(二〇一五年一一月)には見なかったような気がするんだけど」と聞くと、それもそのはず、一カ月前にスタートしたようだ。「まだ始まったばかりのシステムなんですけど、使い方が簡単で評判がいいようですよ」と黒崎さん。

「バイクタウン」(BIKETOWN)と呼ばれるもので、ポートランド市で、一〇〇〇台の自転車を一〇〇カ所のステーションで貸し出すことで始まった。市のシェアサイクル計画にナイキが出資して、同社のブランドカラーのオレンジ色の自転車が並ぶことになった。二〇一六年七月一九日からスタートしたばかりのシステムだが、街中でオレンジ色の自転車を何台も見かけた。

「バイクタウン」の使い方はいたって簡単で、スマートフォンのアプリをダウンロードしてから、会員登録した上で予約すると、ステーションでロックされている自転車の鍵の番号が表示される。一回二・五ドル、一日一二ドルだが、年会員になれば一カ月一二ドルで乗り放題というシステムで、「自分で自転車を持つより簡単」という宣伝とともに走り出していた(「米ポートランド市とNIKEが共同推進！　総額一〇〇〇万ドルの自転車シェアリングプロジェクト「BIKETOWN」」『AdGang』＝広告関係のデータベースサイト)。

アメリカ最大の日本庭園

ポートランド市の西側の丘陵、ウエストヒルズのワシントン公園は、ダウンタウンから三キロあまりの広さ六四万平方メートルに及ぶ自然公園で、バラ園や動物園、博物館があり、散策路も広がる。ここに冒頭に記したアメリカ最大の日本庭園があり、年間三五万人が来訪する。この日本庭園は五万平方メートルの敷地に手入れの行き届いた八つの様式の庭園を配置してつくられている。ポートランド市と札幌市の姉妹都市提携をきっかけに、第二次世界大戦終結から一八年後の一九六三年に東京農業大学の戸野琢磨教授によって設計が始まり、一九六七年に開園している(**写真14**)。

写真 14　日本庭園内の枯山水

初めての訪問時には、ポートランドの日本庭園は大改修工事の最中で、閉鎖中だった。今回、一部を除いて日本庭園は公開されているというので、出かけてみた。入口から目にとびこんでくるのは、新造された大規模な石垣だ。施工をしたのは、日本でも数少ない石垣を施工できる会社粟田建設（滋賀県大津市）だ。粟田純徳さんは「第一五代穴太衆頭」として安土城、彦根城、高知城等の修復を手がけてきた。日本庭園の改修工事では、粟田さんがアメリカ人を指導して石垣をつくりあげたが、日本国内では「石垣の補修」の仕事はあっても、新造の仕事はほとんどないそうだ。

　ポートランド日本庭園は市民にとっての人気スポットとなっている。歴史が古いだけではなく、新しい物語も生み出しつつある。大改修工事のための資金集めは、三三五〇万ドル（約三六億八五〇〇万円）と破格の規模となり、新たな日本建築の建物群の設計を隈研吾さんが手がけている。隈さんは、設計にあたって、「いわゆる箱ものではなくて、小さな村の集合体」を目指したという。桂離宮をイメージさせる建物群だ。事務棟となる建物には催しごとができるホールがあり、これまでよりも豊富な品揃えとなる庭園のショップもある。また庭園の入口には、傾斜地に張り出すように庭園全体を眺望できるカフェがつくられている。

日本庭園文化・技術主監の内山貞文さんは、庭園の維持・運営以外にも、ワークショップ等、日本庭園の文化を理解してもらう活動にも力を入れていると、案内をしていただいた高橋奈津子さんから説明を受けた。

物語のひとつを紹介しよう。東日本大震災で被災し、津波でさらわれた神社の鳥居の笠木（鳥居上部

津波流失の鳥居 里帰り

米オレゴン州から八戸の厳島神社へ 式典で再建祝う

東日本大震災の津波で流され、八戸市鮫町の大久喜漁港にある神社から約7000キロ離れた米国オレゴン州に漂着した鳥居2基が返還され、元の場所に再建された。現地で2日に開かれた式典にはオレゴン州の関係者らも参加し、遠く離れた沿岸地域の縁をつないだ鳥居の里帰りを祝福した。

再建された鳥居は漁港内の厳島神社に奉納されていた。もともと3基あったが、震災で全て流失し、このうち2基の笠木部分が2013年3～4月、オレゴン州の海岸に漂着した。

州の依頼で鳥居を保管した「ポートランド日本庭園」の文化・技術主監内山貞文さん(61)が「どうにかして里帰りさせたい」と被災3県の情報を集め、14年7月に奉納者を突き止めた。国内外30社を超す企業などの協力で昨年9月に横浜港に到着。その後、八戸に戻り修復が進められていた。

式典はポートランド日本庭園と八戸市などが主催。小林真八戸市長や地元の関係者ら65人が出席した。

日本庭園のスティーブ・ブルーム最高経営責任者(CEO)は「漂着時は持ち主が見つかるとは思わなかった。これを契機に地域同士の友好関係を育みたい」とあいさつ。州議会のジェニファー・ウイリアムソン議長はケイト・ブラウン州知事の祝辞を読み上げた。

鳥居奉納者の一人の高橋政典さん(68)は「5年前は諦めていたので手元に戻り、再建できたことに驚いている。奇跡的な出来事を後世に伝えていきたい」と笑顔を見せた。

再建された鳥居。手前の２基の笠木などが米オレゴン州から返還された

米オレゴン州の海岸に漂着し、八戸に戻ってきた鳥居の笠木部分＝2015年10月3日（八戸市博物館提供）

河北新報 2016 年 5 月 3 日

の横木)が二本続けて、オレゴン州の海岸に漂着したのが二年後の二〇一三年三月だった。この話を知った日本庭園のスティーブ・ブルームさんの指示で、内山さんが、どこの神社から流れてきたのか持ち主を探しまわった。岩手・宮城・福島と東北三県を徹底して調べてみたが、なかなか見つからない。それもそのはず、鳥居は青森県八戸市の大久喜地区の巌島神社のものであることが、後に明らかになる。この笠木のオレゴン漂着が、日本で報道されてようやく持ち主が判明したのだった。

七〇〇〇キロの太平洋を横断してオレゴン州に漂着した鳥居の二本の笠木は、船便で横浜港に荷揚げされ、二〇一六年五月二日に関係者が見守る中で再建されている(河北新報の記事参照)。ポートランド日本庭園でこの話を聞いて、多くの人々がサポートを惜しまなかったことで、太平洋を渡った笠木の「帰還」がなったことに温かい人間の意志を感じる。ポートランドの日本庭園関係者を中心に、六五人が参加したという八戸市での鳥居の再建を祝う場には、ぜひ立ち会ってみたかった。

隈研吾さんが語る日本庭園

世田谷で開催されたシンポジウム(二〇一七年七月一三日)で、隈さんは次のようにポートランドの日本庭園について語った。

「ポートランドにとっての庭園文化とは、プライベートなその持ち主だけが見られるような庭ではないんですね。ポートランド市民の誰もが楽しめる庭が、文化の交流としての庭がとても大事だと思っています。僕らの手がけた日本庭園を建築的に説明すると、「村みたいにつくろう」というもので、大きな箱物をつくるのではなくて、小さな建物が集合して村になっている。そして、根津美術館のカフェのように森の中に浮いているカフェもつくりました。日本のお茶の文化を楽しんでもらおうというカフェです」

隈さんの設計した建物群は、半世紀にわたってポートランドの自然の中に融合してきた日本庭園に、新たな角度から建築文化の生命を吹き込んだ。ワシントン公園の山肌に溶け込むような新築された建物群の屋根には、石川県にある小松精練株式会社が開発した軽量のセラミックス基盤材を利用して、ほとんど土を乗せずに屋上緑化をはたしている。カフェは空中にせりだしていて、ベランダに立つとまるで気球に乗っているかのような視界が開ける。この自然との連続線上の一体感は、いかにもポートランドらしい（**写真15**）。

写真 15　隈研吾さんが設計した建物について語る，スティーブ・ブルームさん

「「こういうものがあったらいいな」と僕らが思ってきたものが、六年かかって実現をしたわけです。その六年間のプロセスは全然無駄ではなくって、「市民でこれをつくる」という、税金に頼らず寄付を財源としてやり遂げる、そういう空気があるのが、ポートランドらしい、素晴らしいことだと僕は感じました」と隈さんは強調している。

豊かな自然と食文化

ポートランドの心地よさは、周囲に深い緑の森が広がっているところにある。そして、雄大な山々のなかでも「オレゴン富士」と呼ばれるマウント・フッド（標高三四〇〇メートル）がひときわ美しい。

旅の後半は、黒崎さんの家にホームステイさせてもらうことになった。ダウンタウンから車で一五分、丘を登っていくと、静かな落ち着いた住宅地の一角に黒崎さんの家があった。私たち夫婦は、宿泊者用につくられたホテル空間とは違うポートランド市民の「暮らし」のなかに案内され、ひとときを過ごした。妻はニッキーさんとリビングでお茶を飲みながら話し込み、また付近を散歩して八月のポートランドのさわやかな空気を味わった。ただの旅行者としてではなく、暮らしのなかのポートランドを感じられるようにという黒崎さん、ニッキーさんの心づかいがありがたかった。黒崎さんには、滞在中の日程も細かく設定してもらい、私たちの滞在のために、自分が仕事や所用のある日には、街を案内できる友人も紹介してくれた。

晴れた日に、郊外に向かった。ポートランド市内からコロンビア川の上流に向けて、コロンビア渓谷に向かった。街からハイウェイを四五分ほど走ったところにある、道路のパーキングエリアから歩いて行ける観光スポット「マルトノマ滝」にも立ち寄ってみた。瀑布は落差一六五メートルの上部と二一メートルの下部の二段に分かれている。滝は下からも見上げることができるが、いくらか散策路を登ると滝の中腹に見晴らしのいい橋がかかっていて、ビューポイントとなっている。観光地らしく、世界中の人たちのそれぞれの言語が飛び交い、すれ違う。コロンビア渓谷には、この他にもいくつか滝があり、週末となるとハイカーで賑わっている。ポートランドから車で一時間前後という距離に雄大な自然が広がっているのが魅力だ。

黒崎さんの案内で一九三七年に完成した巨大な「ボナビル・ダム」と発電所にも立ち寄った。ここは、約八〇年前に陸軍工兵司令部が建設したダムだが、ダムサイトの完成によって天然の鮭やニジマスが遡上できなくなってしまうことが心配された。上流へと向かう魚道が設置され、天然の鮭やニジマスがこの魚道を通過して産卵のために遡上できるようになった。産卵期に大量の魚が勢いよく登っていくのを至近距離で見ることができるフィッシュラダーは観光客の人気ポイントとなっている。敷地内の人工の孵化(ふか)・養殖場も見学した。

ポートランドからさらに約一〇〇キロ川沿いに進んだコンパクトなフッドリバーの街は、こぢんまりとした建物ひとつひとつに古きアメリカの面影を残している。フッドリバーホテル（Hood River Hotel）の一階にあるブローダー・ウスト（Broder Øst）というレストランでも雰囲気がよく、質のいいスウェーデン料理を楽しんだ。ポートランドでも北欧の料理を出すレストランは親しまれている。このレストランで、近隣のワイナリーでいいところはないかと聞いてみると、「最近、開店したいいワイナリーがある。ここから車で三〇分足らずのドライブだよ」と教わり、せっかくだから出かけてみようということになった。黒崎さんの運転でフッドリバーを離れて、さらにコロンビア川の上流へと向かう。

途中で、橋を渡ってコロンビア川の対岸のワシントン州に入ると、景色は一変した。豊かな緑の森は遠のき、大地から隆起した巨大な岩石がどこまでも続く。その岩石ひとつひとつの表情が面白い。目の前に広がるのは荒涼とした土茶色の荒野で、磁力の関係なのかカーナビが機能しなくなった。ずいぶん走っても、対向車もやってこない。このまま迷宮に入り込むのかとちょっぴり不安になったが、やがてカーナビも機能を回復し始めた。どうやら進んでいた方向は正しく、目的地のワイナリーはもうすぐだ。目をこらして前方を見ていると何と岩山の陰から真新しい建物が現れた。数年前にオープンしたワイナリー、コア・セラーズ(Cor Cellars)の経営者はイタリア人で、上機嫌でワインのテイスティングを勧められた。ずいぶん多くの種類のワインを口に含み、味わいの微妙な違いを楽しんだ。

ワインだけでなく、ビールにも触れておきたい。ポートランドの魅力のひとつは、小規模なビールのブルワリー(醸造所)があちこちにあることだ。市内に約六〇カ所あるブルワリーにはたいていビアホールがあって、新鮮なビールを味わうことができる。街なかに天井の高い倉庫を改装した直営のビアホールを見つけて入ってみた。ここでは、開放的な空気のなかで、色も味わいもそれぞれ独特なビールをいくつもテイスティングして幸せな気分になる。新鮮なビールを飲みほして、おしゃべりをしていると疲れも吹きとんでいく。大規模なチェーン店のビアホールではなく、こだわりの技法を競う挑戦意欲に燃えた小規模のブルワリーが街のあちこちにあるのがポートランドの魅力だ。

オレゴンワインや地ビールとともに、市内のレストランのメニューも豊富だ。驚いたのは、案内された店の冷蔵ケースの中に、日本のカキを西海岸で養殖して、「広島」「宮城」など産地別にたくさんの種類を並べていることだった。寿司に、焼き鳥、焼き魚と日本食のレストランも人気だ。オレゴン州は、日本語を勉強している人の割合がハワイに次いで多いそうだ。また、どのジャンルのレストランでも地元産の新鮮な野菜を生かしている。オーガニックな食材にこだわるレストランも多い。

日本食と言えば、世田谷区に本拠を置く「まるきんラーメン」がポートランドに二〇一六年に二店出店している。本格的な日本発のラーメン店の出店は初めてで、評判を呼んでいる。基本は日本で食べる「豚骨ラーメン」だが、日本ではラーメンを食べる時間が短いのに対して、ポートランドではラーメンであっても、友人や家族と談笑しながらゆっくり食べるので麺を太くして、おつまみメニューも充実させているという。ポートランド滞在中、路面店とフードコートの店の二カ所で食べてみたが、アメリカであることを忘れてしまうぐらい日本で食べる「おいしいラーメン」の味をしっかり提供している。

サンダース支持者の話を聞く

市街地に戻ると、バーニー・サンダース民主党大統領候補の二人の支持者と待ち合わせをした。ヒラリー・クリントンを最後まで激しく追い上げたバーニー・サンダースだったが、すでにこの時点、二〇一六年八月には、勝敗は決していた。六月七日、大票田のカリフォルニア州を制覇せんとしたバーニー・サンダースの勢いは、ヒラリー・クリントンに及ばなかった。そして、オバマ＝サンダース会談を経て、七月一二日、彼は、ヒラリー・クリントン支持を表明する。「言うまでもないが、ドナルド・トランプがアメリカ合衆国大統領になることがないよう、力の限り全力を挙げて戦う」と表明しながら……。二〇一六年、私はアメリカに湧き起こった「サンダース現象」に注目していた。この現象を生み、運動を支えている人々の生の言葉が聞きたかった。

待ち合わせに使ったのは、ダウンタウンの南端にあるPSUからほど近くにある、「ビハインド・ザ・ミュージアム・カフェ」(Behind the Museum Café)だった。このカフェは、ポートランド美術館(Portland Art Museum)の裏手にある日本茶の飲める日本人経営のカフェで、地元でも人気だ。

「バーニー・サンダースを支持するのは、二〇〇〇年代初頭に成年期を迎えたミレニアル世代」という印象があったが、話を聞かせてくれた二人は高齢の女性だった。二〇一六年当時、七五歳のジュディース・マークさんと、八〇歳のメアリー・アン・ブキャナンさんだ。二人とも、一九六〇年代のベトナム反戦運動を経験し、イラク戦争にも抗議して活動したアクティビストだ。

「二〇一五年九月にポートランドのローズガーデンで二万八〇〇〇人もの人々で埋まったバーニー・サンダースの集会があって、参加した一時間半の間、すっかりバーニーの言葉のとりこにされちゃった。若い人たちもいたけど、私たちのように年をとった人もいて、世代を超えて手と手をつなぐことができたのよ。感動したのは、この国の「貧富の差」があまりにも大きいことをバーニーはわかっているという点です。演説には熱意がこめられていた。若い人の陥っている格差は何とかしないとだめ。そこをヒラリーはまだわかっていない」(メアリー・アン・ブキャナンさん)

「私はヘルスケア・健康保険の充実が重要だという意見で、オバマ・ケアには大賛成よ。アメリカは経済大国だけれど軍事予算に金をつぎこんでいて、医療や教育に必要な支出をしていないでしょ。私も州立大学を出たけど、授業料は、当時は半年で一万円、一年で二万円ほどだったのよ。今は、信じられないほどにはねあがってしまって、若者たちがかわいそう」(ジュディース・マークさん)

若者を苦しめる格差の是正と医療保険改革という二つの大きなテーマを二人は熱く語った。バーニー・サンダースは民主党大統領候補予備選挙に出るまでは無名だったが、「こんなに素晴らしい人がいるとは思わなかった」と二人は支持を決めたという。

先に触れたように、バーニー・サンダースは敗れ、ヒラリー・クリントンが民主党の大統領候補となっている。「大統領選挙は、どうしますか」と問いかけると、二人は、「トランプに勝たせるわけにはいかない。ヒラリーを応援していく。バーニーが民主党予備選挙を降りる時に、ヒラリーと会って約束した政策を彼女が実現するよう監視しながら」というスタンスだった。彼女たちは、八年前はバラク・オバマの選挙のために戸別訪問を熱心にやったとのこと。「バーニーの影響力は次世代の政治家や議員に引き継がれていきますよ」と、明るく希望を持っていた。

生活の質を重視

二度目の訪問の最終日には、ポートランド市役所にチャーリー・ヘイルズ市長を訪ねた。二〇一三年一月に就任したチャーリー・ヘイルズ市長は、二〇一六年五月に行われた次期市長選挙に出馬せず、年内で次期市長と交代することになっていて、この時点では、あと四カ月が残された任期だった。柔和な表情で出迎えてくれた市長は、開口一番、「ポートランド市を参考にしていただいてありがとう」と挨拶してくれた。

都市交通の専門家チャーリー・ヘイルズ市長は、一九九三年から二〇〇二年までポートランド市議会議員をつとめてきた。ストリートカーや空港へのMAX等の交通網を熱心に進めてきた。

「世界の各都市を参考にするのは大切ですね。私もアムステルダムやコペンハーゲン、オスロ等の都市を運輸長官と見てまわったことがあり、とても発見が多いですね」と市長。

「市長から見て、ポートランドの魅力は何ですか?」とストレートな質問をぶつけてみた。返答は間をおかず、すぐに歯切れのよい言葉が返ってきた。

「そうですね。まずは「住み心地のよさ」です。市の周辺に自然が残り、緑が多いことが特徴です。市民に多様な人々を受け入れる文化があります。カリフォルニアのエンジニアも、ミャンマーからの移民も同じように受け入れています。クオリティ・オブ・リビング（生活の質）を重視しています」

ポートランドは、アメリカの各都市に比べて、白人住民の比率が高く、ヒスパニックやアフリカ、アジア系の住民は少なかった。元をたどれば、アメリカは移民によってつくられてきた歴史がある。改めて、排他的にならず多様性を包摂する街の特性をたずねた。

「ポートランドが新しい住民に対して、オープンマインドになることができるのはなぜでしょう」と聞くと、市長は「一八五一年にポートランド市ができた。市街地に住んだのは移民だったし、市長もまた移民でした」と答えた。

ポートランドの魅力は「住み心地のよさ」という言葉が耳に残った。私がレポートのタイトルに使った〈暮らしやすさ〉は「住み心地のよさ」と重なる言葉だ。人々はなぜ、暮らしやすいと思ったり、住み心地のよさを感じるのだろうか。

「市長の私も街を歩いていて、市民とフラットな関係だと感じます。上下関係がなく、対等な関係で、権威的でない……。今朝、重要なビジネスオーナーと朝食をとりながら話していたら、ウェイトレスが何気なく話題に加わっていました。「市長、私の意見はこうよ」という具合にです。彼女は、ずいぶんと長い時間、話の輪に加わっていました」

大きな鍵は、垂直的な上下関係が弱く、水平的な仲間意識が強いことにあるのかもしれない。私も、住民とのフラットな関係を持ち続けていくことは決定的に重要だと考えている。これはタテマエではなく、人々と接する姿勢や態度に現れてくるものだ。政治家が「権威的にならないこと」は、大事なことだ。政治家となり、権力に近づくと、これまでとは別人のような尊大な態度となり、上から目線の人格に豹変する悪い見本は、どの国にも多いことだろう。市民の声に謙虚に耳を傾ける傾聴力が問われる。重要なのは市長の次の言葉だ。

「市民が声をあげ活動を続けることは重要です。政治の場にビジョンのあるリーダーがいて、市民の声をよく聞いた上での決断があって、街づくりが続いています。歴代市長のビジョンとリーダーシップが優れていて、必要な時に、大きな改革を、時代を先取りするような形で行っていくことができたのが現在の隆盛に直接つながっている」

一九七〇年代に大気汚染と河川汚濁の環境悪化に苦しんだポートランドが、「人間中心の街づくり」を掲げて、公共交通網を整備し、中心市街地を高層ビルに建て替えるのではなく、歴史的建造物や古い倉庫をリノベーションした再開発と街並みづくりで大きな成果をあげた。先を見通した都市戦略で長期にわたり都市計画を進めていったポートランドの「強い意志」には「先見の明」があったのかと問いかけた。

「これまで、たくさんの才能に恵まれたリーダーたる市長がいました。リーダーの掲げるビジョンと計画については、人々に理解してもらうために説明を尽くしてこそ初めて大きな決定を下すことができるんです。見ていただいたブリッジ・ペダルという年に一度の自転車イベントも、まず道路を自転車に開放するべきだという市民のデモンストレーションがあり、そこから議論が起きています。こうした市民活動の高まりがあって、高速道路を年に一度自転車に開放するイベントが始まり、市がこれを受けとめて支援するという具合です」

ポートランド市政の仕組み

市民運動と行政が対立した時代が終わり、市民運動出身者が市議会議員や市長に就任していったのがポートランドの特徴だ。市長は権威主義の衣を着ることなく、普段着で市民のなかにいる。そんな姿勢をチャーリー・ヘイルズ市長から感じ取った。市長室を出て、ポートランド市議会の議場を黒崎さんに案内してもらった。

議場に入ると、市を代表する理事者側に五人が座る横に長い机と椅子がある。

「ポートランド市議会で市民に向き合うのは、市長と四人の議員です。選挙で選ばれるのはこの五人と監査役一人しかいません。市長は真ん中に座り、議員は両側に二人ずつ四人が座ります。市長を含む五人の議員席の前に対面する形であるのは、公述席です。私も何回かここで意見を述べたことがあります。後ろの席は、傍聴席です」(写真16。写真左奥の中央が市長席)

写真16　ポートランド市議会の議場

ポートランド市議会は、アメリカでも珍しいコミッション(commission)制度をとっていて、市長と四人のコミッショナー(commissioners)の五人で市議会を構成する。この五人と監査役一人が選挙で選出される。市長は自分と各コミッショナーに市役所の各部署（環境局、公園・レクリエーション局、警察、住宅局、交通局など）を複数割り当て、それぞれが人事権を持ち、予算編成を行いながら管理運営を行う。

ポートランド市議会は、都市運営に関わる法令や規則を票決で制定し、市長もコミッショナーもそれぞれ一票を持つ。立法権から行政権まで幅広い権限を持つ市議会は、市長も含めた執行機関であり、チェックは市民自ら行う制度となっている。

市民は「発議権」と「住民投票権」を持っている。市民は一定の署名を集めた上で、市憲章や法令の制定と改正を提案することができて、住民投票で過半数を超えれば、成立することになる。

ネイバーフッド・アソシエーションとは

こうした住民自治の制度を背景にして、より日常的な都市運営については、ネイバーフッド・アソシエーションが有効な役割を果たしている。

「ポートランド市には九五のネイバーフッド・アソシエーションがあるんですよ。地域住民組織といっても、日本での町会・自治体とは違います。参加希望者が自由に参加して、地域に関わる事柄について徹底的に議論していき、その判断の結果は、市も尊重します。代表者は選挙で選出されるんです」と黒崎さん。

この点については、ポートランドの住民自治に詳しい倉田直道工学院大学教授に、世田谷区で開いたシンポジウムで報告してもらっている。ポートランドのネイバーフッド・アソシエーションは近隣自治組合であり、一九七四年、ゴールドシュミット市長の時代に公式に始まっている。特定の地域に対する住民の公的な代表として、地域内の問題を解決し、役員の選出や会議の開催等を規則に従って行っている。

ポートランド市に九五あるネイバーフッド・アソシエーションを七カ所に区分して、それぞれに近隣自治組合連合会(Neighborhood District Coalition)が置かれていて、ポートランド市の住民参加推進室の職員も常駐する。「ネイバーフッド・アソシエーションは市政のしくみの一部であり、市内全域のコミュニティづくりのベース(基盤)の役割を果たしている。アソシエーションの活動はすべてボランティアによって賄われているが、市の予算からある程度の活動資金がネイバーフッド担当局(Office of Neighborhood Involvement、ONI)と地域連合を通して下りてくるしくみになっている」(山崎満広・前掲書、一二二頁)。

山崎満広さんによれば、「日本の町内会は世帯単位ですが、ネイバーフッド・アソシエーションは、個人単位の加入です。また、日本の町内会は自主的な活動組織ですが、ネイバーフッド・アソシエーションは市当局に認められた公的な組織なんです。市当局から年間三〇〇〇ドルから五〇〇〇ドルの活動資金も出ています」とのことだ。ネイバーフッド・アソシエーションは近隣の良好なコミュニティのための活動を行う他、地域の土地利用計画(ゾーニング)や都市計画の策定、市予算への関与、歴史的建築物の保存等、多くの権限を与えられている。

日米の架け橋――ポートランドと世田谷

二回目の訪問の最終日にオレゴン日米協会（ＪＡＳＯ）が私たちを歓迎してレセプションをひらいてくれることになった。

「オレゴン日米協会は一〇〇年を超える歴史のある、オレゴン州随一の、オレゴン州と日本との関係をつなぐＮＰＯなんです。活動の柱は三本あります。ひとつは、日米間のビジネスの振興や日本文化の普及、日本語および日本に関する教育の振興を掲げています。バブルの頃は、オレゴン州のなかでもポートランド商工会議所に次ぐ二番目に大きなビジネス関連の組織でした」

最初は早とちりで、オレゴン州に住む日系人を中心とした集まりと勘違いしていたが、日米を橋渡しする、経済・商工・文化にまたがる伝統ある架け橋となっていると黒崎さんは語る。

「会員は、日本との取引のある米国企業や、日本に興味のあるアメリカ人で、文化・学術・芸術・政治・スポーツ・料理・クリエイティブ等、興味の対象は多岐にわたっています。これが協会の主流の人々でアメリカのＮＰＯなんです。加えて、私のように国際結婚等による日本からの永住者・移住者、日本企業のオレゴン支店への駐在員、日系アメリカ人と、日本に関係しているすべての分野の人々がそれぞれいいバランスで参加しています。在ポートランド日本国総領事館、オレゴン州に進出している日本企業の連合団体であるポートランド日本人商工会、そして日系アメリカ人の集いであるポートランド日系人会とともに、オレゴン州での日米関係を主導しています」

過去の日米協会の会長には、元オレゴン州知事や元ポートランド市長が就任していたこともあったとのことだ。オレゴン州とポートランドのコミュニティも積極的に日米協会を支えてきた歴史がある。レセプションの会場は、日本食の居酒屋メニューを看板にしているレストランだった。このレストランはケン・ルオフ教授(後述)の教え子で日本食の大ファンであるアメリカ人青年が経営しているということで、細部にこだわった心のこもった料理を出してくれた。参加者はポートランド周辺に進出している日系企業の人たちや、日系アメリカ人、世界各国からポートランドに来ている人たちも参加していた。黒崎さんをはじめ、この場の参加者とコーディネートしてくれた人々に、私から感謝のスピーチをした。

「オレゴン日米協会のレセプションにご招待いただき光栄です。アメリカでも、環境都市として、また住みやすい都市として評価の高いポートランドには、ニューヨークやロサンゼルスのような他の多くの大都市とは異なる独特の文化があります。それは、人間が尊重され、互いの自由な発想を大事にする友好的な雰囲気のあるヒューマンスケールの都市だということです。

私のいる世田谷区でもポートランドの街づくりを「〈暮らしやすさ〉の都市戦略」ととらえて、このテーマに興味を持つ人々が増えました。私がポートランドを訪問してから半年間余りの間に、三回のシンポジウムが世田谷区で開催され、それぞれ一〇〇人から二〇〇人が出席しました。都市計画の仕事に携わる人や、街づくりに関与する人たちはもちろん、ファッション、デザイン、環境、緑化、交通等、幅広い分野で仕事をしたり、民間活動をしている人たちが参加しました。

二〇一五年一一月、初めてのポートランド訪問から帰国した直後に、東京で記念すべきセレモニーがありました。世田谷区と、来日したアメリカオリンピック委員会(USOC)の訪問団との間で、二〇二〇年東京オリンピック・パラリンピック大会でアメリカ選手団の事前キャンプ会場に世田谷区の総合運動場を使用する「覚書」を締結することになったのです。キャロライン・ケネディ駐日大使もこの場に立ち会い、その後に、二〇二〇年東京大会に向けて世田谷区は、アメリカのホストタウンに登録されました。

ポートランドと私たちが、友情とアイデアの交歓を深めるための機は熟しています。今回の訪問によって、ポートランドとの距離がさらに近くなり、都市文化に関わる継続的な対話と交流を重ねたいと思います」

話し終えると、参加者から大きな拍手をもらった。一回目の訪問でもらった気づきや問題意識は、再度の訪問で点が線となり、大まかな面が見えてきた。ただ、それがまだ一部にすぎないのは言うまでもない。

6

ポートランドで世田谷を語る

ケネディ・スクールの一角

ポートランド州立大学から招かれる

二〇一七年四月、三回目の訪問の機会がやってきた。

ポートランド州立大学（PSU）からの講演依頼を受けたのだ。同大学日本研究センター（PSU－CJS）の所長を務めるケン・ルオフ教授の招きだった。このPSU－CJSはハーバード大学、コロンビア大学と並ぶ、全米でも屈指の日本研究センターだ。黒崎美生さんが熱く語る。

「所長のケン・ルオフ博士は、世界中で日本の近代史研究の分野では知らない人のいない大御所です。ハーバード大学を出て、コロンビア大学で博士号を取られたルオフさんの日本研究学界での人脈は豊富で、世界中の名だたる日本研究の学者が、ルオフさんの一声でここで講演します。加えて、コロンビア大学名誉教授、ドナルド・キーンさんの自他ともに認める一番弟子であるラリー・コミンズ博士（コロンビア大で、キーンさんの直接の指導で博士号を取得）がPSU－CJSの教授として活動しています。コミンズさんは日本古典芸能研究の全米での第一人者です。英語で米国人の一般学生に歌舞伎や能を指導して、全米の各地で公演し、ポートランド発で、日本の古典芸能を普及する活動を行っています」

今回、私を招いてくれたケン・ルオフ教授は、一九六六年生まれで、ハーバード大学東アジア学部で学び、コロンビア大学で日本史を研究して日本研究者の第一線に躍り出ている。

PSU－CJSは、日本語教育についても、全米日本語教育学会の会長をしていたパット・ウェッツエル名誉教授が長年教鞭を執ったことで、最高レベルの日本語教育プログラムを確立し、日本語を熱心に学ぶ学生を集めている。

私が二度にわたるポートランド訪問をきっかけに世田谷区でシンポジウムを連続して開催し、ポートランドの街づくりを学び、紹介する場をつくり、情報発信をしてきたことがケン・ルオフ教授にも伝わったようだ。今度はポートランドにて、「世田谷を語る」というテーマでの講演依頼だった。

写真17　PSUで講演する

私にとっても、ポートランド市民や学生への初めての講演ということで少々緊張もしたし、熱も入った。会場となった教室には、学生や教授、そして日本からの留学生や日本人在住者など、多様性に富んだ聴衆が集まった。「八九万都市で自治体と住民でつくる「参加と協働・世田谷モデル」」と題した講演は、通訳も入れて約一時間話し、その後に四〇分の質疑応答の時間を持った（**写真17**）。

内容は、日米の社会保障制度の差異等にも言及しつつ、世田谷区で取り組んでいる三つのテーマに絞ることにした。一番目は「高齢者福祉」、二番目は「子ども・子育て支援」、そして三番目は「若者支援・ＬＧＢＴ人権擁護」と続けた。講演の内容を振り返ってみよう。

「東京は、一三五〇万人もの巨大人口を抱える過密都市。人口六三万人のポートランド市と同列に論じることはできませんが、車優先から歩行者優先へ、産業重視から暮らしやすさ重視へ、大きなパラダイムシフトを早い時期にむかえ、三〇年の時間の集積を経て、独自のハーモニーを響かせることのできる環境都市に生まれ変わったというポートランドの歴史は、自治体運営に日々直面している私たちに多くのことを教えてくれました」

スポーツやアウトドア、カフェやファッション、ライフスタイル等、「ポートランドブーム」は、日本の各界に及んだ。とりわけそれが、二〇一一年の東日本大震災以後に顕著になったのは、ライフスタイルの根本となる価値軸を揺さぶられたからだろう。私がポートランドに興味を持ったのは、一度は環境汚染に苦しみ、中心市街地の空洞化に直面したアメリカの中規模都市が、「時代の先読み」に成功し、「街は再生できる」という物語を展開したことにあった。その変容する都市で人々が暮らす基盤と文化に注目したと言ってもいい。訪問者として持ったポートランドの断片的な印象や場面をつなぎあわせる「哲学」「思想」とは何だろうと考え続けた。私は一枚の写真を聴衆に見せた。

「これは、世田谷区の西側を流れる一級河川の多摩川です。川沿いにある街が二子玉川です。周囲を囲む段差と傾斜の大きな国分寺崖線は緑を多くたくわえています。再開発事業が一段落した商業地域は賑わいが絶えず、日本庭園もある二子玉川公園は多世代の憩いの場になっています。また、東京には珍しい広い河川敷も広がっていて、ここは世田谷の魅力のひとつです。世田谷区は多摩川の東側にあり、晴れた日には富士山がくっきりと見えます。マウント・フッドを望むポートランドの風景と共通点がありますね」

ポートランドの中心にはウィラメット川が流れているが、多摩川の東側には世田谷区、西側には川崎市の市街地が広がる。街並みの配置の違いはあるものの「オレゴン富士」とも呼ばれるマウント・フッドと、冬の晴れた日にくっきりと丹沢の稜線(りょうせん)の向こうに見える富士山を重ね合わせると、風景の共通性はたしかにある。

福祉の力とコミュニティ

「日本全体では少子化と人口減少が進んでいますが、東京への人口集中は現在も続いており、世田谷区では、全世代まんべんなく、中高年層から若い世代まで流入が多く、毎年一万人弱の人口増加が続いています。世田谷区では自然増も一五〇〇人程度あって、亡くなる方より、生まれてくる新生児の方がその人数分多いということになります。一〇年前には年間六〇〇〇人だった出生数が、年八〇〇〇人にまで増加しました。一度は、高齢化社会で減少した子どもたちの数が、ふたたび増えているのは日本では大変珍しい現象だと言われています」

ただ、世田谷区の人口増は全国的な「人口減少と東京一極集中」を背景にしている。ポートランドがアメリカの各州から移住者を受け入れて人口増を刻んでいる状態と共通点はあっても、基本的な構図が違うことには留意したい。世田谷区の人口移動(転居等)による社会増は、意外なことに地方都市ではなく、首都圏、とりわけ東京都内からの移住が多いという特徴がある。

講演当時の世田谷区の人口は八九万人だったが、二〇一七年一〇月で九〇万人を超えた。振り返ると、世田谷区で人口が八〇万人になったのは、一九八〇年代半ばの約三〇年前だった。その後、バブルによる地価高騰の影響を受けて、人口減に見舞われた時期もあるが、バブル後の土地価格の下落で地価が半減するにともなって転入が増加して、ふたたび人口増に転じるという経過をたどってきた。
ただし、三〇年前と大きく変化したのが、「家族とコミュニティのかたち」だ。

「私が子どもだった半世紀前の日本では、祖父・祖母と父母、そして子どもたちという三世代同居の家族が当たり前でした。しかし、現在は都市部で、三世代同居の家族は激減しました。二〇一七年三月現在の世田谷区の平均世帯人数は一・九人と二人を下回っています。夫婦のみの世帯や、親と子の二人世帯、そして一人暮らしが大きく増えています。住まいもかつての戸建て住宅から、「マンション」と呼ばれる集合住宅での暮らしが一般化しました。かつてのように「家族が力を合わせて、子どもや高齢者の面倒を見る」「隣近所が顔見知りで、困ったときは助け合う」という家族やコミュニティの力は弱くなっています」

区長となって違和感を覚えたことのひとつに「一人世帯」という言葉がある。私には、しっくりこない。「独居」「一人暮らし」の人たちを「一人世帯」と呼ぶのは相当に無理があるように思う。従来家族単位を世帯として住民を把握し、多くの制度を運用してきたのが日本社会だ。ところが、日常の光景を支えていた「家族」が大きく変容している。「三世代同居」から、夫婦と子どもだけの「核家族」が多数となり、さらに「核家族」さえ分解しようとしている。
人間の記憶は人によって引き出しが違うようだが、私はきっと映像記憶型だ。祖母と両親、妹と食卓を囲む何気ないひとときにあった断片的な「家族の表情」を何コマか描き出すことができる。母の横顔や父の語る表情、相の手を入れる祖母等、食事中の一コマの映像から連想すると、タイムマシンに乗ったように子どもの頃に戻ることができる。その当時、私は多くの子どもたちがそうであるように、こうして日々顔を合わせる家族は未来永劫続いていく「絶対不変の存在」のように感じていた。しかし、年月の経過とともに、私も成長し、気丈で元気だった祖母は家の中で転倒して骨折し、老人病院に長期入院して衰弱し、特別養護老人ホームに入所してリハビリに精を出して健康を回復したが、九〇歳を過ぎて亡くなった。私は二〇代後半になっていた。そして、私が四〇代半ばの頃に父と別れ、五〇代後半で母を送った。

いつも身近にいるのが家族であり、病気になれば心配して看病し、調子が悪いようなら助ける。私も父や母に心配をかけ、病気になれば看病してもらった。そして、父母が老境に入ると立場は逆転し、父母の闘病生活をそれぞれに支えた。病や事故によって突然の惜別が訪れることもある。そして、長く生きていればいるほどに家族と別れて「ひとり」になる確率も高くなる。

世田谷区では、七五歳から八五歳未満の世代の「一人暮らし」は三〇%で、八五歳以上は「一人暮らし」が五二%と半数を超えている。とくに高齢男性の「一人暮らし」は孤立傾向が強く、国立社会保障・人口問題研究所の二〇一二年の調査で、「電話も含む軽い挨拶程度の会話は二週間で一回以下」と答えた人が一六・七%と、六人に一人にのぼったという結果には驚いた。一人暮らしで、コンビニで惣菜(そうざい)や弁当を買って、誰とも話すことなく過ごしている人たちがじわじわと増えている。また、七五歳以上になると認知症のリスクも高まり、認知症の診断を受ける高齢者も二万人を上回って、増加の一途をたどっている。

「世田谷区では毎年一〇〇〇人が新たに認知症と診断されています。すでに二万人を超えています。これらの高齢者に、身近な地域コミュニティのなかで、自分らしい尊厳が保たれた生活を続けていく条件を整え、必要な行政サポートと住民同士の支えあいを充実させて、介護予防を進めて医療・介護費などの縮減につなげることが大きな課題です。

一九六一年から国民皆保険制度が導入された日本では、すべての国民が医療保険に加入していて、三〇%の自己負担で、医療機関で診察・治療を受けることができます。また、二〇〇〇年から介護保険制度が始まり、高齢者が一〇%または二〇%の自己負担で介護サービスを受けることができます。こうした医療・福祉制度は整っていますが、高齢社会を迎えた今、「財源不足」「施設と働き手の不足」という大きな壁を前にしています」

国民皆保険や介護保険の制度はアメリカにはない。家の中で腰が立たなくなったからと電話すると、「どうしましたか」と様子を聞かれて、その数時間後には介護ヘルパーが居宅訪問して、介護保険を利用したサービスにつなげるためにケアマネージャーが家族と相談する仕組みがあり、ここまでは無料で利用できると話すと、ポートランドでは驚かれる。介護保険には四〇歳以上の国民が加入し、高齢者やその家族の介護費用負担を軽減している。こうして、誰にでも公平に差別なく供給されるサービスは、あるのが当たり前だと思いがちだが、自治体と事業者が営々と努力してつくりあげたものだ。

「これからの大きな壁は財政問題です。平均寿命が年々伸びるなかで、介護が必要となる高齢者の数、つまり支援対象は増えていきます。高齢者施設を建設・運営するためには多額の費用がかかって、絶対数が足りません」

それでも、超高齢社会に向かう日本では、施設入所を基本とした高齢者福祉から、できるだけ在宅のままに支援する方向に大きく転換を始めている。住み慣れた地域で、自宅で必要なサポートを受けながら、高齢者や障害者が暮らしていく仕組みは「地域包括ケアシステム」と呼ばれている。試行錯誤しながら、世田谷区では新たな挑戦を始めていることを紹介した。

「私は区長に就任してから、区民との直接対話に力を入れてきました。どこへ行っても共通する声は、「高齢者になって介護や福祉を受けられるのかという不安」「できれば安心して住み慣れた地域で老後を過ごしたい」という声でした。また、「福祉サービスが細分化しすぎていてわかりにくい」という声によって、「生活圏から遠い区役所に分野別の専門相談窓口がバラバラにある」状態では不十分だと気づいたのです。

そこで、区の組織を大胆に見直し、身近な地域に、縦割りをやめて横つなぎを工夫した相談窓口を設けることにしたのです。この窓口一元化は、厚生労働省の福祉相談窓口の地域一元化の「モデル事業」となり、高齢社会を迎えている日本の地域福祉の「新しいモデル」として全国に紹介されています」

自治体の福祉分野のサービスは細分化している。世田谷区のように人口規模の大きな自治体だと、福祉分野でも「高齢福祉」「障害福祉」「児童福祉」では法制度も、サービス内容も体系も違う。行政機能が細分化して専門的に深掘りされていくのは、質の高い間違いのないサービスを提供する上で必要なことだが、相談者にとってみると、まるで迷路のようでわかりにくい。自分の悩みを説明している最中に「ここは担当ではありません」と言われてしまうという体験もしている。「相談の仕方を相談する」という窓口が必要ではないかと考えてスタートしたのだった。

「世田谷区は八九万区民を五つの地域に分けて、各地域に総合支所を置いています。福祉は、従来はすべて、総合支所と本庁で扱ってきました。昨年(二〇一六年)七月、生活圏に近い人口三万人前後の地域二七カ所の「まちづくりセンター」に「福祉の相談窓口」を開設しました。この窓口は、三つの組織を一カ所に集めて運営しています(図1)。

「福祉の相談窓口」のために区の地域拠点である「まちづくりセンター」と、介護など福祉サービスの相談を担う民間事業者の「あんしんすこやかセンター」と、区民のボランティア活動や高齢者サークルを支援する組織である「社会福祉協議会」の三つの組織を同じ場所へと結集させています。この窓口では区民の福祉を中心とした相談に答えたり、専門サービスを紹介するとともに、区民自らの支えあい活動のためのコミュニティ活性化の機能を受け持ちます」

世田谷区は、政令指定都市が行政区を持っているのに似て、区内五カ所に総合支所を設けて、さらに住民に身近な地区二七カ所に「まちづくりセンター」を持っている。すでに三〇年以上前からスタートした区内分権・自治を目指した地域行政制度である。その二七カ所で、高齢・介護の窓口である

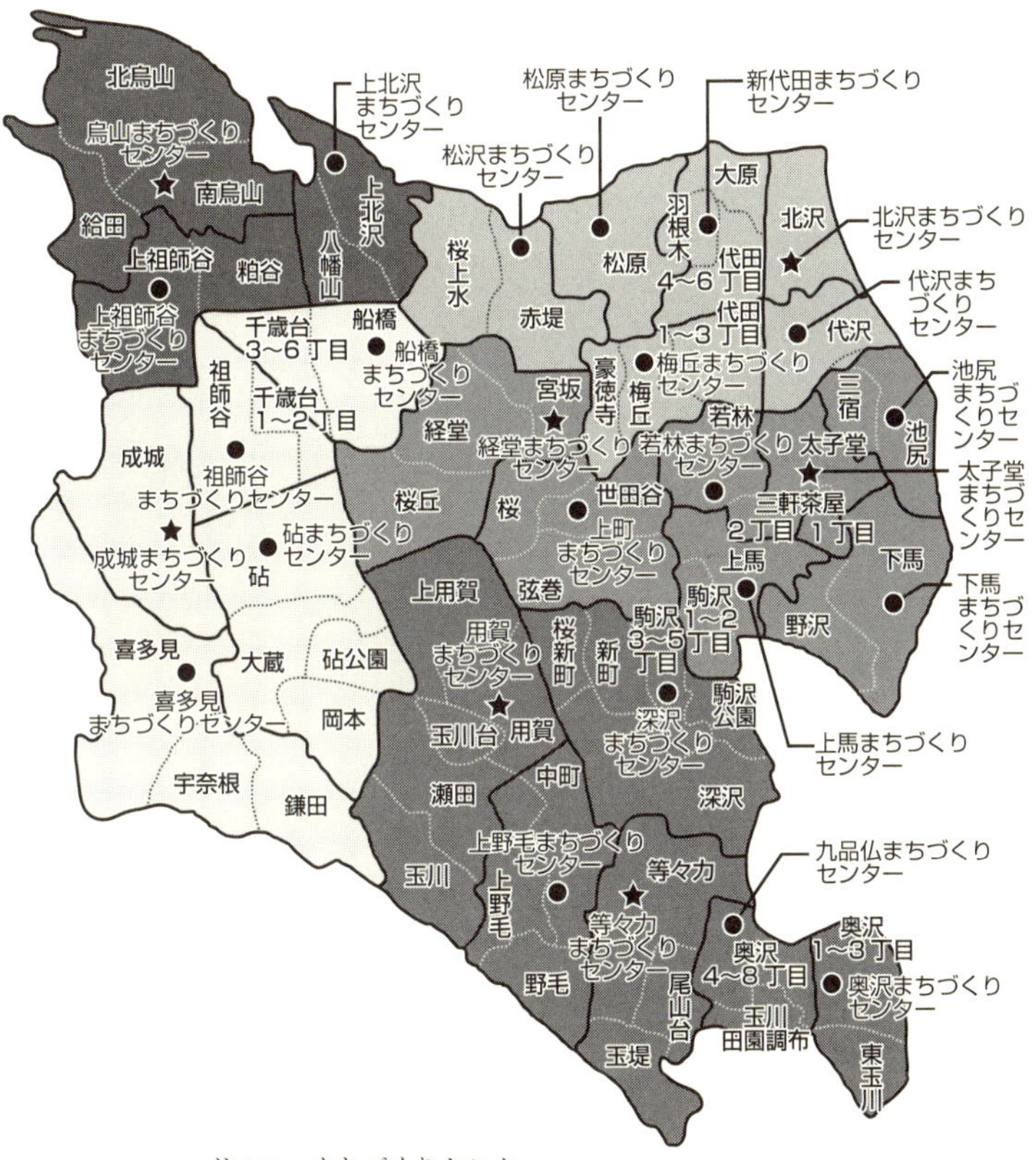

注：● = まちづくりセンター
★ = 出張所と同じ建物にあるまちづくりセンター

図 1　27 カ所のまちづくりセンター

「あんしんすこやかセンター」（地域包括支援センター）と「社会福祉協議会」が別々の場で、互いに何をしているのかを知らずに仕事をしていた。その三者を「福祉の相談窓口」に結集させ、相互に情報共有し福祉窓口の一元化をしようと考えたのだった。

もうひとつは、視点の切り換えだ。行政の視点ではなく、困った時の住民の立場から福祉サービスを見直していこうと呼びかけた。さらに、地域で行われる健康づくりや介護予防、趣味や歴史研究サークル等のグループを互いに結びつける役割を、社会福祉協議会を中心に可視化して、ネットワーク化できる条件づくりをしていることにふれた。

「子育て支援」を語る

世田谷区では長らく「待機児童問題」が最も大きな行政課題だった。区では、「保育園の土地・建物はありませんか」というポスターをつくり、次々と認可保育園を開園してきたが、アメリカにはそもそも公的保育が存在しない。したがって、待機児童という概念も共有することが難しい。

黒崎さんによれば、保育園に通わせようとすれば、アメリカには公的保育がないので、保育園を利用すると、ひと月あたり一〇〇〇ドル以上はかかる。「近所の人に頼んで子どもを預けてお礼を渡す」ことも珍しくないという。ベビーシッター代に収入の多くが消えるという嘆きの声もある。日本では、「子ども・子育て支援新制度」で、保育園は誰もが利用できるようになった反面、希望者が急増したために定員数が足りず、待機児童を生んでいる。社会制度の違いから「待機児童」のイメージは伝わりにくいようだ。

「小世帯化と働く女性の増加により、社会的保育のニーズが大きく増加しています。このため、私は子育て支援策に充てる予算・人員を大幅に充実させてきました。私が区長に就任して六年になりますが、つくった保育園が八一園、増やした保育園の定員が六七〇〇人分にもなりました。保育園定員は一万人から一万七〇〇〇人へと拡大しました。

しかし、保育の希望者はそれ以上の割合で増え続け、保育園に入園希望を出しながら入ることのできない「待機児童」を一〇〇〇人以上生んでしまっています。この保育園は、行政が整備・運営経費の多くを負担する公的サービスです。世田谷区は、二〇一七年度予算で四五〇億円近い税を保育サービスの維持と拡大に投入しています」

子育て家庭が直面しているのは「家族のかたち」の変化だ。世田谷区でも、三世代同居や近所に両親が住んでいる等の環境にいる親たちは少数だ。多くの保護者は、乳幼児を両親に預けて仕事に出るという選択肢はなく、仕事を続けていくには保育は必須となる。一時代前までの日本では、結婚して子どもができると女性は退職して子育てに専念する場合も多かった。だが、一九九七年以降のデフレ経済下での賃金下降で二〇年間にわたり給与所得が減って、専業主婦を選ぶのは経済的に困難となった。二〇〇八年のリーマン・ショックによる景気後退で、さらに女性の就業率と保育園希望者数は急上昇した。

子育て支援策は、保育園をつくるだけではない。世田谷区には、在宅の子育て家庭も多く、「ワンオペ育児」と呼ばれる「孤立した子育て」も問題のひとつとなっている。以前、公園デビューという

図2 「せたホッと」のキャラクター「なちゅ」

言葉が流行したが、世田谷区では区内に二五カ所配置されている児童館に顔を出す「児童館デビュー」や、乳幼児を持つ母親の居場所となっている「子育て広場デビュー」が、乳幼児の母親が外に出るきっかけとなっている。児童館で午前中開かれている一歳児、二歳児の乳幼児を対象とした親子イベントには、ずらりとベビーカーが並ぶ。多人数の親子で子育てを楽しむ「子育て広場」も人気だ。

「世田谷区では「子どもを生み育てやすいまち」を目指し、フィンランドの取り組みを参考として、妊娠した時から就学まで、子育て家庭を支えるシームレスなサポート体制の充実に向けて、「世田谷版ネウボラ」を開始しました。保健師を中心とした「ネウボラ・チーム」を発足させ、年間九〇〇〇人のすべての妊婦を対象に妊娠期の面接相談を行います。また、八〇〇〇人生まれてくるすべての新生児を育児アドバイスや虐待防止のために訪問し面談しています」

児童虐待の防止のために、妊娠届を出したすべての妊婦と面談し、区で取り組んでいる妊娠期から乳幼児期の子育て支援のメニューを説明する。これを出発点としてネウボラ・チームが、やがて生まれてくる子どもと親の母子保健を担当し続けるという仕組みだ。ネウボラとは、フィンランド語で「相談の場」という意味だ。フィンランドでは、「ネウボラおばさん」と呼ばれるひとりの保健師が妊娠した時に担当者となって、就学まで相談の窓口になってくれて、彼女を通してあらゆる手続きは行われる。

「子どもと保護者にとって、学校内での暴力や脅迫をともなう「いじめ」は深刻です。これまで、学校に相談しても、教育委員会に相談しても事態は改善せずに、子どもが追い詰められていくことが多くありました。「せたホッと」(世田谷区子どもの人権擁護機関)は、子どもの人権を第一に擁護し、救済を図るための公正・中立で独立性と専門性のある行政機関です。「いじめ」「暴力」「虐待」等、子どもの権利侵害に関する相談を受け、助言や支援を行い、また世田谷区の公的機関として学校に調査に入り、事態改善のアドバイスをします。

相談機関にとって、子どもにどれだけ知られているかが効果の指標になります。「せたホッと」は子どもが命名し、子どもがキャラクターを描いていることもあって、子どもの認知度が高いのが特徴です(図2)。相談の五四%が子ども自身からの相談です。子どもにとって、頼りがいのあるセーフティーネットです」

子どものための相談機関にとって重要なのは、子どもの「認知率」となる。子ども自身にどれだけ知られているかが決定的に重要だ。幸い、「せたホッと」という愛称も子どもたちから公募し、かわいいキャラクターも加わって認知率はきわめて高い。連日、「せたホッと」の電話は鳴り続け、子どもたちの声が次々と届いている。子どもたちにとって身近で、電話で、メールで、そして対面でと相談は引きも切らない。

「若者支援」の取り組み

日本では、「若者支援」を扱う中央省庁がない。そもそも、少子化傾向に拍車がかかっているのは、若者の生活実態の厳しさに起因する。少子化で若者の数が減り、「二〇代の若者人口」は「団塊ジュニア世代」の約半分と少ない。二〇〇〇年代に行われた労働市場の規制緩和によって、非正規労働を大幅に拡大した結果、年収二〇〇万円前後の低賃金・不安定雇用の若者たちを大量に生んでしまった。企業の収益確保を優先して労働分配率を極端に低下させた政策が招いた事態だ。収入が低いために、貯蓄もなく、自分が生きるのが精一杯の環境に置かれ、「子育て」のはるか手前にいて、「結婚」すら考えることができないという状態に多くの若者が陥っている。高度経済成長期に育った親たちには想像できない「生きづらさ」が若者たちを襲っている。

世田谷区では、二〇一三年に日本の自治体ではまだ珍しい若者支援担当課を発足させ、独自の若者支援事業に乗り出した。中学生・高校生を対象に、音楽・ダンス・演劇等の活動の場と機会を提供し、一方で悩んでいる若者に対してきめ細かな相談や自主活動の支援の場をつくるというもので、とくに学校や職場での失敗や挫折で長期間苦しんでいる「ひきこもり」の若者への支援を行う、「メルクマールせたがや」という相談機関を運営している。

「力を入れているのは、児童養護施設等を巣立った若者に対する支援です。日本では中学校までの義務教育に加えて高校は無償ですが、大学で教育を受けるためには相当の学費を負担しなければなりません。さらに日本の奨学金は多くの場合「貸付」(有利子ローン)であり、卒業後返済が求められます。

しかし、児童養護施設で親から離れて暮らす若者たちは、進学した上で賃貸アパートを借りて生活を維持するのが経済的に困難な実態があります。世田谷区内の児童養護施設出身者の進学率は三割と低く、さらに途中で退学する中退率は七割という状態でした。

そこで、世田谷区では、施設出身の若者がフェアなスタートラインに立ち、進路を切り開くために、公的住宅の提供や、活動交流の場所の支援に加え、新たに基金を作り、寄付を募ってこれを原資として奨学金給付を開始しました。この取り組みには多くの賛同を得ることができ、二〇一六年春の基金の開設から一年間余りで三一〇四万円(二〇一七年六月現在)の寄付をいただいています」

私は、国会議員だった時に、超党派の議員に呼びかけて児童虐待防止法(二〇〇〇年)を議員立法で制定する中心にいた。その後、同法の見直しに二回関わり、潜在化していた児童虐待の通報件数を増やし、保護される子どもたちの数を増やす結果となった。ところが、虐待通報等によって保護された子どもたちも成長し、やがて進路を選ばなければならない。児童養護施設で社会が預かったはずの子どもたちが、「一八歳、高校卒業」をもって社会に巣立っていくのに、大きなハンディがあることが放置されている状況に自ら責任も感じてきた。世田谷区長となってからも、区内の児童養護施設出身者の大学・専門学校への進学率三割と中退率八割という現実に心を痛めていた。

東京青年会議所世田谷区委員会が、児童養護施設の子どもたちに関わり、社会的養護の制度的検証に二〇一三年から五年がかりで取り組むという画期的な活動が続いたことは、大きな役割を果たしてくれた。区内でたびたびシンポジウムが開催され、児童養護施設退所後の「一八歳の春」支援が必要だという認識を共有することになり、「せたがや若者フェアスタート」という若者支援担当課の事業となっていく。

児童養護施設等の出身者に対しての奨学基金への寄付は、二〇一八年五月現在でさらに賛同者が増えて五八〇〇万円を超えた。社会的に成功した人たちが非営利事業に多額の寄付をするアメリカと違って、日本ではまだ寄付文化が低調だが、「フェアスタート」の基盤は一年足らずでできあがった。

若者支援のなかで、「生きづらさを抱える若者支援」は、時間をかけた粘り強い支援が求められる。「家族のかたち」「地域コミュニティ」が、多くのリスクを引き受け、悩んでいる若者を受けとめることができた時代が過去のものとなり、孤立を深めている今日の若者たちに対し、社会的支援の網をきめ細かにして、「家族」と「地域」に投げ返していく役割が「フェアスタート」の目指すところだ。


「「メルクマールせたがや」では、長い期間、社会との接点が持てず、自分の部屋に閉じこもって過ごしているひきこもり当事者と親の相談を受けています。なかには当事者が四〇代、五〇代のケースもあり、親も七〇代、八〇代の高齢者というケースもあります。当事者に対して面談や活動ルームでのプログラム、セミナーを実施し、年間一五〇〇件の相談を受けて、三〇人のひきこもり当事者が居場所に顔を見せるようになっています。

また「発達障害者就労支援センターゆに」（UNI）は、大人になって仕事や対人関係がうまくいかなくて、発達障害を抱えていることがわかった若者たちが、自らの障害の特質を理解するためのセミナーを開催したり、障害の特性を理解して雇用につなげる取り組みをしています。

世田谷区には、二五カ所に児童館があり、生まれたばかりの乳幼児を持つ母子が育児講座を受けたり、小中学生が放課後を過ごしています。地域コミュニティにも開かれたお祭りを行ったり、夏休みにはキャンプにも行きます。高校生以上の若者が利用できる施設として青少年交流センターを池之上と野毛の二カ所開いています」

世田谷区でのLGBT支援

二〇一四年五月、オレゴン州連邦裁判所は「同性婚禁止は違憲」という判決を出し、同性婚が認められた。ケン・ルオフ教授からは、講演のなかで世田谷区が始めた同性カップルの認証の取り組みについて話すようにとリクエストがあった。

二〇一五年、オレゴン州知事にケイト・ブラウン氏が就任した。ブラウン知事は、ポートランドを基盤に一九九一年からオレゴン州議会下院議員として政治活動をスタートさせ、上院議員を経て、二〇〇八年には州総務長官になった。一九九七年に結婚して夫がいるが、自身がバイセクシャルであると公表してきた。アメリカで、バイセクシャルを公言している州知事が誕生するのは初めてのことだった。ポートランドでは、すでに二〇〇八年の市長選挙で、ゲイであることをカミングアウトしているサム・アダムス市長が誕生している(任期は二〇〇九年から二〇一二年まで)。

ポートランド市民にとっても、同性婚をめぐる議論は近年関心の深いところだ。同性婚が認められたオレゴン州、ポートランド市と違い、日本政府は世界の動向とは一線を画していて、法改正の道は見えていない。だからこそ、世田谷区では法律や条例の手前で自治体としてできることを選択した。日本の法律では同性婚は認められていないし、私が発行する同性カップルに対する「証明書」も厳密な意味で法的効力があるものではない。それでも、「一枚の紙」を自治体が発行し始めることで、社会は大きく動いた。

「日本では、世田谷区で初めて、お隣の渋谷区とともに「同性カップル」を認証する制度を二〇一五年一一月に発足させました。法律上は「男女」でない同性間の婚姻は認められていませんが、区長の裁量行為による書類を発行し始めました。これは区の窓口で「自分たちはパートナーである」という宣誓書を提出していただき、区はその受領証を発行するというものです。法律的な証明書にはなりませんが、この受領証と同時に、たとえば不動産業界に同性のカップルでも夫婦用の部屋を借りられるようにお願いしたり、同性カップルの区職員が職員住宅に入居できるようにするなど、できるところから性的少数者の差別解消に取り組んでいます。

自治体として「同性パートナーシップ宣誓書受領証」を発行してから、すでに六七組の同性カップルに証明書を発行しました。携帯電話等の「家族割引」が適用できることになり、民間の生命保険の受取人として認められたり、医療機関でパートナーとして扱われる等、法律の手前の自治体の事務上の取り組みでも人権面での大きな前進がありました。今後は、国の制度改正につなげていきたいと考えています」

講演会に集まった人たちのなかには、ＬＧＢＴ支援政策で、日本で初めて「同性カップル」を証明する窓口を作ったことについて、関心や興味がある人たちが多かった。世界中で、国が同性婚をいきなり認めたところはない。どの国でも、最初は自治体の非公式な取り組みから始まり、社会の価値軸が動き、次第に国の政策にボトムアップされてきた。日本ではまだ始まったばかりだが、世田谷区の「同性パートナーシップ宣誓書受領証」が発行され始めたことで、携帯電話各社が「家族割引」を適用するようになり、不動産業界が協力を表明してくれた。いくつかの医療機関も同性パートナーの病室の付き添いを認めるようになり、一部の保険会社では生命保険の受取人としても認めるところが出てきた。世田谷区でも、二〇一七年に区営住宅条例を改めて、同性カップルの入居も可能とする制度改正を行った。さらに二〇一八年三月、「世田谷区多様性を認め合い男女共同参画と多文化共生を推進する条例」が世田谷区議会で制定された。性的マイノリティ、LGBTの人たちの人権保障を定め、不当な差別的な扱いについて禁じている。また、区の施策に関する事項について、条例に照らして問題がある扱いを受けた等、苦情および意見の申し立てを区長が受けて、世田谷区男女共同参画・多文化共生苦情処理委員会の審議を受けることができる。

PSUでの講演を締めくくるにあたって、今後の都市文化交流を呼びかけた。都市文化交流とは、姉妹都市交流等の型にはまった交流ではなく、同時代に向き合って、人間が尊厳をもって互いに尊重しあい、暮らしやすい都市を形成するための知恵と技術、ハードとソフト両面からの都市のコミュニティデザインの交流をイメージして投げかけたものだ。

「二〇一六年から、世田谷区で「ポートランドの街づくり」をテーマとしたシンポジウムや、研究会が活発に行われています。SNS等を通して告知すると、二〇〇人前後の人たちが熱心に参加しています。また、世田谷区には九万人の学生が通う約一六の大学のキャンパスがあります。

このなかには、大改修が終わりグランドオープンしたポートランドの日本庭園に関わった東京農業大学やポートランドに関心を寄せる東京都市大学もあります。こうした大学教授や、建築家、商業者、行政関係者が集まり、ポートランドとの「都市文化交流」を行う団体を二〇一七年七月に発足させる予定です。ポートランドの都市文化、福祉政策、ライフスタイル、食文化、コミュニティ等、そして学術等、多彩なテーマで交流を行いたいと思います」

このように締めくくったが、次々に質問の手があがった。世田谷区でやっている福祉、子育て支援、若者支援、LGBT支援と限られた話をした。法制度の違うアメリカ人から見て、どのように興味を持ってもらえるか不安なところもあったが、行政手法の改革によって、地域に細分化した「福祉の窓口」や「子育て支援」については、新鮮に受け止めてくれたようだった。

講演の後、ケン・ルオフ教授が夕食の席を設けてくれた。著書の『国民の天皇――戦後日本の民主主義と天皇制』(高橋紘監修、木村剛久・福島睦男訳、岩波現代文庫、二〇〇九年)をケン・ルオフ教授から手渡された。代表作である『国民の天皇』は、大佛次郎論壇賞を受賞し、日本の理解のために「天皇制」を研究する学者・学生の教科書としても定着している。また、天皇退位をめぐる有識者の見解を特集する記事等で、たびたびケン・ルオフ教授は研究者としてインタビューを受けている。

「日本にいた時は成城に住んでいたんですよ。世田谷区と聞くと懐かしいですね」とケン・ルオフ教授は言う。学生時代の記憶とともに、世田谷区には親近感があったようだ。

さすがにケン・ルオフ教授が所長をつとめるＰＳＵ－ＣＪＳだけあって、講演会の開催によって、最も新しい東京・世田谷の行政課題にも関心を持っている聴衆が多いことも確かめられた。ポートランドの人たちがこれからどのような興味をもってくれるか楽しみとなった。

7

ポートランドに見る「子どもの虐待通告システム」

児童福祉ホットラインの事務所で

児童福祉ホットライン

ポートランド州立大学（PSU）での講演を終えた翌日の朝、私が向かったのは、「児童福祉ホットライン」（Child Welfare Hotline）の事務所だった。世田谷区では、これまで東京都が運営してきた児童相談所を、二〇二〇年春を目処に、移管しようとしている。この訪問に先立って、PSUの講演準備をしながら、私は児童福祉分野で児童相談所を含めた社会的養護の仕組みに詳しい専門家にアドバイザーとして世田谷区役所に集まってもらって、夜遅くまで意見を聞き続けていた。

「せっかく、世田谷区が児童相談所を新たにつくるなら、「通告窓口の一元化」は課題ですよ。世界には、先進的な方式を取っている事例があるから、現在のシステムにとらわれずに「世田谷方式」でスタートすることも一案じゃないでしょうか」と、小児科医の奥山眞紀子さん（国立成育医療研究センター副院長・こころの診療部統括部長）が言った。

奥山さんとは旧知の間柄で、二〇〇〇年に児童虐待防止法を議員立法でつくった当時から、専門家として意見を聞いてきた。会議が終わってから「世界の先進事例」という言葉が気になったので思い切って質問してみた。「奥山さん、「世界の先進事例」ってどこの話ですか？」

「私が言っているのは、アメリカのオレゴンよ」との回答に驚いた。なんと、よく聞いてみると奥山さんが紹介してくれた窓口一元化を実践している「児童福祉ホットライン」は、オレゴン州の機関でポートランドにあったからだ。「二週間後にポートランドに行くんですが」と言うと、「ぜひ見てきた方がいいですよ」と勧めてくれた。二〇一六年九月六日から九日まで児童相談所職員・医療関係者・弁護士等の児童福祉の現場にいる人たちが、「オレゴン州マルトノマー郡ポートランド視察ツアー」を行っていた。中心となった山田不二子医師(認定NPO法人チャイルドファーストジャパン理事長・一般社団法人日本子ども虐待医学会理事兼事務局長)を紹介してもらい、「児童福祉ホットライン」の資料を送ってもらうとともに、現地への連絡をお願いした。山田さんらの報告書によると、オレゴン州の「窓口一元化」システムは、日本の児童相談所にあたるオレゴン州福祉局(Department of Human Services: DHS)の一部門としてある。DHSのなかに「児童福祉ホットライン」が置かれているということがわかった。そこで、訪問取材をお願いした。

当日は風が強く、ポートランドのあちこちで街路樹が倒れたり、家屋に被害が出るほどの悪天候だったが、何とか静かな住宅街にあるMDTセンターに到着した。このMDTセンターこそが、「子どもの虐待防止」のために組織の相違を超えて関係機関が同一の建物の中に入り、情報共有して、互いに連携しながら活動している最前線の組織だ。私たちを迎えてくれたのは、虐待通告の窓口となっている児童福祉ホットラインの責任者と、スタッフ、そして地方検察官だった。

私は、訪問目的を次のように話した。

「広域自治体の東京都、そのなかに世田谷区があります。世田谷区には、東京都が運営する児童相談所がある一方、児童虐待や児童福祉の相談窓口として世田谷区の運営する五カ所の子ども家庭支援センターがあります。都の児童相談所の方は措置権限と言って強制力をともなう法的権限を持っています。虐待の通告があった時に、子どもを親から分離したり、また子どもを親のもとに戻す権限も児童相談所長にあります。

世田谷区には、区民からも学校・幼稚園・保育園からも児童虐待の疑いなどの情報が入ってきます。区は身近な地域コミュニティと密接につながっているので相談しやすく、また区の子ども家庭支援センターも子どもと家庭のバックグラウンド等を把握し、理解しているという点で特徴があります。

児童虐待への対応について、都の児童相談所と区の子ども家庭支援センターが別々に運営されている欠点もあります。児童相談所に来た重要な情報が、区に共有されないこともあります。これから、都の児童相談所は区に移管され、子ども家庭支援センターとともに、区がコントロールすることになります。近い将来、たくさんの窓口を同時に持つのではなくて、一元化するやり方もあるのではないかという制度設計の議論をしているところです。児童相談所移管にあたってのアドバイザーである奥山眞紀子先生から「オレゴン州の児童虐待に対しての取り組みがいい。窓口一元化と情報共有が画期的だ」と聞いて、詳しく知りたいと思いやってきました」

私たちの置かれている状況をざっと説明した上で、学校での暴力事件やいじめ、児童虐待の問題に取り組んできた私自身の自己紹介をそえた。

「私は一九九〇年代半ばに、ジャーナリストとして学校事件を取材するなかで、「いじめ」や「暴力」に苦しんでいる子どもが直接相談できる仕組みが必要だと感じていました。その頃イギリスで子どものための相談電話機関「チャイルドライン」が始まっていることを知って、三回にわたりロンドンに取材に行きました。当時の取材・訪問がきっかけとなって、今や日本のチャイルドラインは全国に広がっています。一九九六年からは国会議員としていじめ問題や児童虐待問題に取り組み、二〇〇〇年の児童虐待防止法制定を手がけました。二〇一一年からは世田谷区長として、児童虐待防止法が定めたことを執行する立場で、子どもの安全や虐待防止に取り組んでいます」

こうした経歴を語った上で、「私の興味は、専門的な教育を受け子どもケアの経験のある人たちが、スクリーナー（相談員）と呼ばれて子どもたちに関する電話にどのように向き合っているかにあります」と話した。

スクリーナーの役割

オレゴン州での子どもの虐待に関する電話は、「児童福祉ホットライン」に入ってくる。ホットラインに入ってくる電話の本数は年間五万件で、そのうち二万一〇〇〇件が「子どもの虐待」関連に分類される。

一日あたりに直すと、ここでは、一〇〇件から二〇〇件の電話を取っている。ホットラインでは、昼は一八人、夜は二人でスクリーナーのシフトを組んでいる。夜は、午後一一時から午前八時までで、二四時間対応となっている。電話の前に位置するのがスクリーナーだが、大学でソーシャルサービスや児童心理、家庭問題を専門的に勉強した人たちで、相談現場でソーシャルサービスの経験を持つ人たちが多い。全員がオレゴン州の公務員だ。

プログラムマネージャーのカーリー・クロフォードさんは、ソーシャルサービスの学士を持っていて、この仕事に就いて一九年となる。「児童福祉ホットライン」のスタッフ六九人のうち、九人はスーパーバイザーで、六〇人はその下で働いている。スクリーナーは三四人、そのうち二四人はフルタ

写真 18　スクリーナーの仕事場

イムで働いていて、他の人はパートタイムだ。カーリー・クロフォードさんに聞いた。

「私はここで働いている人たちの管理・マネージメントをしています。ホットラインは三つのユニットでできています。ひとつは「スクリーナーのユニット」、そして「家庭のなかで指導をするユニット」、もうひとつは「性的虐待を受けた人たちのためのユニット」です。私はこの人たち全体の管理・監督をしています」

スクリーナーの仕事場を見せてもらうと、ひとりあたりの仕事場の面積は二〇平方メートル余りとゆったりしている。世田谷区の子どものための相談窓口である「せたホッと」では、テーブルの上に電話を置いただけのスペースでたいへん狭い。ゆったりした環境で相談を受けることも大事だと気づかされた。

スクリーナーのデスクの上には、大きな画面のディスプレイが並んでいて、電話がかかってくると、名前や住所を聞いて、オレゴン州の子どもたちのデータベースを呼び出して、名前や住所、家族環境等の基本情報を確認しながら、スクリーナー段階での対応に止めるか、虐待防止対応の必要な通告として扱うかをマニュアルに従って仕分けしていく（**写真18**）。

もうひとり、児童福祉ホットラインのスクリーナーの現場で働くイダ・サンダースさんにも聞いた。
「私はスクリーナーの監督をしています。心理学を学士で、ソーシャルサービスを大学院で専攻しました。児童福祉関係の仕事は二五年間の経験があります。オレゴン州福祉局では一三年働いていますが、一〇年間はスクリーナーの監督をしています」

彼女は、半年前に日本を訪問し、小児科医や児童福祉関係者の集まる会議で、ここでの活動を報告したという。スクリーナーは電話を取ることに専念して、現場に出ていくことはない。日本の相談機関のように、自ら電話を取り、調査し、訪問し、方針を決めて関わるというやり方とは違う。

オレゴン州福祉局は、スクリーニング部門、調査部門、在宅支援部門、里親担当部門と四つに分かれている。スクリーナーが調査の必要ありとセレクトしたケースは、子どもの虐待防止チームのソーシャルワーカーが動き出す。緊急を要するケースの場合は、警察官が同行する場合もある。

「児童福祉ホットライン」の特徴は、子どもの虐待を専門とする警察官や検察官が、組織は違っても同一の建物内にいるという点だ。そして、私の前にジョン・カサリーノ検察官が登場した。

関係機関の協力体制

「ジョンです。二〇年間この仕事をしている検察官です。弁護士の資格もあります。一一年間、裁判所で「児童虐待」に対する案件を扱ってきました。子どもと児童虐待の専門官をしています。この地域、マルトノマ郡(ポートランドを含む。人口七四万人)には検察官が八五人いますが、この建物に子どもの虐待のみを扱う専門の検察官が四人います」

ジョンさんは、若いうちから実務として「子どもの虐待」対応で経験を積んできた。このシステムができる前は、通告の窓口と警察や検察の窓口は別々にあった。こうして同じ建物に入り、瞬時に情報共有することで虐待の被害リスクにさらされる子どもたちを早く助けることができるようになった。子どもの虐待に関する通告には、チームで取り組んでいる。

「私たちの所には、児童虐待を専門とする一四人の警察官もいます。「子どもの虐待対策班」と、「DV対策班」の二つのチームに分かれています。ここでは、相談から介入まで、約一〇〇人の人たちが働いています。理想的には医療機関も入っていると、事件にまきこまれた子どもの診断や治療がすぐにできて完結するのですが、そこはまだできていません」とジョンさん。

私は、世田谷区で直面している「相談窓口の一元化」について聞いた。「日本では「虐待ではないか」と近所の住民が疑いを持った時に、区の運営する保健所や子ども家庭支援センターに連絡したり、警察や児童相談所に電話したり、窓口がいくつもあるために、機関と機関との情報共有や連携がうまくいかない場合があります。その点は、こちらではどうしていますか?」

「子どもの虐待に関して関係機関同士が情報共有するクロスレポートは、アメリカ合衆国の法律でも義務化されています。通告を受理した人は、「子どもの虐待通告」「子どもの虐待のリスクあり」と判断した場合は、警察に情報共有するように法律で決められています。そして、警察に虐待と疑わしき情報が入ると、ただちに情報共有がなされるし、「児童福祉ホットライン」に同じように電話が入っても同時に警察と情報共有するシステムになっています」とカーリーさん。

電話に出て話を聞いたスクリーナーが、相談内容によって緊急対応が迫られているものや、事件性のあるものや、そう急ぐことのない日常的な相談等、いくつかに分類しているはずだが、分類の仕方をたずねてみた。

「そうですね。たとえば最も重大なものは、「子どもが殺されてしまった」というもので、これは必ずスーパーバイザーに連絡しなくてはなりません。深刻なケースは性的虐待や、長期間にわたって放置（ネグレクト）されているもので、緊急の対応が求められます。また、子どもの安全が確認されているものの五日以内に対応するべき通告と、リスクは少なくて当面の対応も必要がないケースに分けられます」とカーリーさん。

彼女の話をまとめると、緊急度が高い順に三段階のカテゴリーに分けて対応しているということがわかった。

①現在、リスクがある。二四時間以内の対応が必要。即座に逮捕や介入が必要となるケース。
②子どもは安全な環境にいるが、五日以内に対応するケース。
③子どもの安全についてのリスクはないケース。

「ここの特徴は、ホットラインと検察官、警察官も、ひとつの建物の中で同居し、連絡を取りながら、チームで対応しているところでしょうか。一〇年前にこの建物ができて、現在の試みが始まりました。以前はそれぞれバラバラなところにいました。統合してマッチングしたことで、効果は出てきていると思います。いいモデルとして、それぞれの分野の関係者が視察に訪れる機会も増えてきました。このシステムは家族にとっても使いやすいと思います。それぞれの機関で情報共有されていることで、子どもの状況を正確につかんでいるからです」とカーリーさん。

オレゴン州は人口三九七万人だが、二〇一四年には、児童虐待によって一三人の子どもが生命を奪われている。オレゴン州の児童虐待による被害児童は約一万人。アメリカ合衆国全体では、一六四〇人の子どもが児童虐待によって亡くなっている。被害児童は、全米で六八万六〇〇〇人という途方もない規模となっている。ジョンさんが、子どもの殺人事件について話してくれた。

「子どもが殺された時に私の腰につけているポケベルが鳴ります。四六時中、このポケベルは離せません。子どもの殺人事件が起きた時には、すぐに情報共有することになります。虐待事件ということであれば、私は現場に出かけていきます。

性的な暴行があれば、同時並行でソーシャルサービスが動きます。必要なら、刑事が現場に急行します。子どものケアのために警察との情報共有が必要です。子どもが死んだケースは、細かい調査がなされます。その際、関係機関が連携することになっています」

子どもに関わる複数の機関が機敏にチームプレイを行うことについて、「切羽詰まった電話がかかってきた時、スクリーナーがすぐに緊急の介入をするかどうかを判断するのは難しいと思うけれど、どうしていますか」とたずねてみた。

「私たちの持っている共通のデータベースに、子どもの家庭の様子や、隣人からの証言、親戚の証言等の情報が、関連情報として記録されています。電話で入ってきた情報と、これまでのバックグラウンドの情報を総合して、判断することになります。スクリーナーが電話を受けながら、ディスプレイに子どものデータベースを呼び出して、参照しながら話を聞くこともあります」とカーリーさん。そして、緊急性がある時には、現場に向けて出発する。「二四時間以内」というカテゴリーで対応にあたらなければならない。子どもの一時保護が必要で、里親のもとに預けることになった時には、裁判所の関与が必要となる。

インタビューしている現場に現れたのは、ポートランドに二〇年在住している日本人女性で、青少年を専門とする裁判所に勤めているアキコ・ヨシダさんだった。裁判所は同一の建物にあるわけではないが、コミュニケーションは良好で頻繁に連絡を取り合っているという。

「一時保護された子どもは、その後フォスターホーム（里親）で養育することになります。子どもが里親のもとで過ごすことになる場合には、裁判所が関わります」

写真 19　通告現場に持ち込む警察官の道具箱

子どもの虐待を専門とする警察官の仕事場にも案内を受けた。通告を受けたが親が施錠したまま介入を拒否する時には、ドアを破壊して強制的に住居に入る権限も与えられている。警察官が現場に持ち込む道具箱も見せてもらった（**写真 19**）。通告内容によって、警察官も制服で現場に登場するか、私服で向かうかを使い分けているという。

オレゴン州で最も人口の多いポートランドを含むマルト

ノマ郡で、一〇年前から子どもの虐待に関係機関が通告窓口を一元化し、児童福祉ホットライン、警察や検察と組織は違っても同一の建物にいて相互に連絡を取りながら子どもを虐待から守るチームプレイを続けていることは、児童相談所の開設準備にあたっている私たちに大きな刺激になった。

日本とアメリカでは、子どもの虐待に関する児童福祉法および児童虐待防止法等の法制度は違う。福祉部門と捜査部門が同一の建物に同居するオレゴン州のシステムを、そのまま日本に導入することはできない。ただ、「子どもの生命」「子どもの尊厳」を徹底的に守るため、前例のないことでも挑んでいこうというスピリッツには、大いに学ばせてもらいたい。世田谷区の子ども家庭支援センターと、準備している児童相談所をつなぐにあたって、たくさんのヒントがあった。

これまでポートランドで見聞きしたのは都市計画や再開発等の「街づくり系」の話題だったが、今回の取材で福祉分野にも「人間中心の街づくり」の考え方が脈打っていると感じた。街は人を支えるだけではなく、人と人の関係を変え、社会を変容させる……。そのメカニズムの一端を見たのだった。

子どもの生命と尊厳を守る——日本での取り組み

子どもを尊重する社会は、人間を大事にする街をかたちづくる。

子どもの目の前で両親が事件や事故で亡くなった時、小さな身体を大きな恐怖が拘束する。親や親しい人と死別・離別した悲しみを抱く子どもたちを受け止め、そのトラウマにスタッフが向き合い、ゆっくりと回復していく過程を支援する活動を担うのがポートランドにある「ダギーセンター」(The Dougy Center)だ。世田谷区内には、このダギーセンターに強く感動し、その活動に学んで、悲しみによりそうグリーフサポートの拠点として「サポコハウス」(世田谷区太子堂)を運営する人たちがいる。

松本真紀子さんと海原由佳さんは、一九九八年、オレゴン州コーバリス市にあるオレゴン州立大学(OSU)で留学中に知り合う。大学のキャンパスがあるコーバリス市は、ポートランドからは車で一時間三〇分の距離にある。松本さんは、大学院で女性学と社会学、メディアを学び、海原さんは心理学を学ぶ学生だった。OSUに留学した二人は親しくなり、DVシェルターでボランティア活動をしていたが、留学時に近くにあったダギーセンターを知るのは、日本に帰国した後になってのことだという。

松本さんがダギーセンターに注目した理由は東日本大震災だった。

「当時の私はプライベートで大切なものを失い、その直後に多くの人々が亡くなる東日本大震災がありました。日本でDVサバイバー支援を行っているNPO法人レジリエンスの代表中島幸子さんの実家がポートランドにあったことから、ダギーセンターの活動を紹介されました。海原さんも、レジリエンスのボランティアをしていて、震災の前年となる二〇一〇年にダギーセンターの研修ツアーに参加していました」

ダギーセンターは、一九八二年にポートランドに開設された。センターの名前の由来は、脳腫瘍(のうしゅよう)を患っていた一三歳のダギー・トゥルノ君だ。彼は、エリザベス・キューブラー・ロス博士(著名な女性精神科医で『死ぬ瞬間』の著者)に向けて、「どうして小さな子どもたちが死ななければならないの?」と手紙を書き、博士がダギー少年に返事を書いた。当時、博士と親交のあった看護師のベバリー・チャペルさんが自宅を改装して、彼のような子どもたちのサポートをしようと考えたのがダギーセンターの始まりである。センターでは、子どもが抑えてきた感情を吐き出し、悲しみを抱えていることを当然のこととして受け止める。子どもたちが怒りや悲しみをぶつけ、大声で泣いたり叫んだりすることができて、縛ってきた感情を爆発させることができる「火山の部屋」があり、子どもたちが癒されていくプログラムが準備されている。

「ダギーセンターのプログラムに参加して、自分のなかで封印してきた、子どもの頃にＤＶによって受けた傷が癒えていないことを再発見し、日本には子どもの受けた心の傷を受け止める場がないことに気づきました。日本にもこのようなセンターをつくりたいと考えました」と海原さん。オレゴン留学仲間である二人は連絡を欠かさずに、仲間と一緒にプロジェクトを立ち上げていく。

次第に賛同者が増えて、二〇一四年に世田谷区で「グリーフサポートせたがや」の活動拠点として「サポコハウス」を開設する。「世田谷らしい空き家等の地域貢献活用モデル事業」に応募し、デイケアセンターの二階にあるスペースを活用して活動を広げることになる。グリーフサポートの研修プログラムも始まり、ダギーセンターにあるような「火山の部屋」もできた。

米国オレゴン州に「ダギーセンター」という団体があります。ダギーセンターは、死別を体験した子どもたちが集い、遊びやおしゃべりを通じて、悲しみや辛い気持ちに向き合うことのできる家です。私たちは二〇一二年夏このセンターの研修会に参加し、子どもたちがゆっくりと自分のペースで安心して自分の気持ちと向き合えるようなサポートを受けていることに感銘を受けました。そして、自分たちが暮らす地域でも同じような活動を始めたいと思い「グリーフサポートせたがや」を立ち上げました。大切な人やものをなくした子どもや大人をサポートするスペースを提供し、哀しみに寄りそいともに生きていくことの出来るコミュニティづくりを目指しています。

（『グリーフサポートせたがや』ホームページより）


毎年、グリーフサポートの活動に参加するファシリテーター養成講座を行い、すでに二〇一四年五月から一七年一〇月までの三年余りで八八人が参加している。グリーフサポートせたがやのメンバーも入れれば、一〇五人に達するという。医療、教育、行政等の子どもの現場で相談活動に携わる人や、深い関心を抱く人が多く参加した。

二〇〇〇年一二月三〇日に起きた「世田谷事件」（世田谷区上祖師谷で一家四人が殺された未解決事件）の被害者遺族の入江杏（あん）さんが賛同者となり、発足当初から、グリーフサポートの必要性と意義を強く推している。私は、入江さんともグリーフサポートせたがやを通して何度かお会いして、犯罪や暴力の後に残された被害者や遺族の傷がいかに大きく残酷なものであるのかを教えられ、グリーフサポートの必要性について深く考えさせられた。

現在の「サポコハウス」には、トラウマを抱えた子どもたちの相談について、行政機関をはじめ、病院の小児科や学校、介護・福祉の窓口となる地域包括支援センター等幅広い機関から問い合わせや紹介がある。ポートランドで始まったダギーセンターの活動は、アメリカ全体で五〇〇カ所にも及ぶという。ダギーセンターに学んだ活動が、こうして世田谷区で広がっていることも紹介しておきたい。

8

世田谷とポートランドをつなぐ交流が始まった

トマトがお買い得(ファーマーズ・マーケット)(久保寺敏美氏撮影)

都市文化の交流へ

第1章で紹介したシンポジウムの場に戻ろう。二〇一七年七月一三日午後、二子玉川ライズにある東京都市大学の「夢キャンパス」では、会場に並べられたカラフルな椅子にぎっしりと聴衆が埋まった。二〇〇人を超える人々が集まったのは、「ポートランドと世田谷をつなぐ　暮らしやすさへの都市戦略」をテーマとしたシンポジウムだった。

「世田谷ポートランド都市文化交流協会準備会」のキックオフイベントとしてこの場を呼びかけたのは、涌井史郎(わくい)（東京都市大学特別教授）、小林正美（明治大学副学長）、古澤洋志（前在ポートランド日本総領事）、黒崎美生（ポートランド在住・オレゴン日米協会会長）、黒崎輝男（流石創造集団代表取締役・『TRUE PORTLAND 創造都市ポートランドガイド』著者）、東浦亮典（東急電鉄都市創造本部戦略事業部長）、柏雅康（しもきた商店街振興組合理事長）、佐藤正一（二子玉川エリアマネジメンツ代表理事）の人たちだ。

ポートランドとの交流の場を呼びかけることに意義を感じて集まったメンバーだが、シンポジウムの開催まで互いに意見交換しながら、二〇一六年の秋から話しあってきていた。来日した黒崎美生さんからは、「ポートランドと日本との交流には長い歴史がある。とくにポートランドにある「日本庭園」は、一九六七年の開園で半世紀にわたってポートランド市民にも愛される場となっていて、庭園文化を通して、茶道、華道をはじめとした日本文化に接する機会も多く、日本への関心も高い。その「日本庭園」が全面リニューアルされたことを日本で知ってもらうことも重要ではないか」という問題提起がなされた。同庭園に造園家として関わってきた涌井史郎さんからも、「第二次世界大戦中にカリフォルニアに収容された日系人は、不自由で苛酷な生活のなかでもその地に日本庭園を造った。日本には、自然と共生する文化があり、「日本庭園」はポートランド市民にとって大きな財産になっている。とくに、今回のリニューアル工事で、優秀なファンディングを行ったのがスティーブ・ブルーム氏だ」というエピソードが紹介された。

スティーブ・ブルームさんは、二〇〇五年からポートランド日本庭園ＣＥＯに就任して手腕を発揮し、来場者を大幅に増やすとともに、大規模な改修工事の資金調達のために各方面を奔走し、大きな成果をあげたのは先に触れた通りだ。アメリカ人である彼が、「ポートランド日本庭園」の魅力を大々的に発信し、大幅なリニューアルにあたって、コンペで隈研吾さんを起用し、同庭園の喫茶、ショップ、事務棟等の建物群の設計に取り組んでもらっている。

ポートランドから見た日本文化について、「スティーブに縦横無尽に語ってもらおうではないか」「隈さんにもポートランドの魅力と日本庭園との関わりを語ってもらいたい」ということになった。そこで、涌井さんがキーノートスピーチを行い、スティーブさんと隈さんが基調講演を行い、さらに小林さんと東浦さん、私が加わってシンポジウムをやろうという企画が固まった。

ポートランドのグリーンインフラに学ぶ

準備会の代表となってくれた涌井さんは、ポートランドへの熱い思いを持っている。

世田谷区には、「世田谷みどり33」という区役所と民間事業者、区民が一体となったムーブメントがある。区制一〇〇周年となる二〇三二年までに、区の「みどり率」(樹林や草地、農地など緑が地表面を覆う部分に公園区域、水面を加えた面積が地域全体に占める割合)を三三%にしようという目標を掲げた運動だ。この呼びかけに賛同し、意気に感じた人々が実行委員会をつくり、毎年「世田谷にみどりいっぱいチャリティ講演&コンサート」を呼びかけて世田谷区民会館をほぼ満杯にする。毎年コンサートが始まる前の一時間、涌井さんが、詳細なデータを満載したパワーポイントを駆使して、地球規模の環境危機から説きおこす基調講演をしている。そして、具体例としてポートランドの都市文化が克明にとりあげられている。

「ポートランドは今、アメリカで最も住みたい都市と呼ばれ、IT産業のシリコンバレーやサンフランシスコからも、たくさんの人たちが移住してきます。その魅力の基盤となっているのが豊かな緑であり、グリーンインフラです」と涌井さんは切り出すと、さらにこう続ける。

「ポートランドはグリーンインフラの街でもあります。たとえば植物と土壌の力を活用して雨水の地表面流出を遅らせ、雨水が濾過(ろか)され地中に浸透する人工的構造と自然の融合をはかるものです。世田谷区でもゲリラ的な集中豪雨で浸水被害が出ていますが、最も参考にしなければならないのはグリーンインフラの考え方です」

緑や環境配慮に敏感な世田谷区民の間で、「グリーンインフラ」はホットな合言葉となっている。区内でも、二〇一六年以降、区と区民との協働を目指す「世田谷みどり33協働会議」がこの「グリーンインフラ」をテーマとしたシンポジウムをたびたび行い、熱心な参加者を集めている。世田谷区でも、近年は予想をはるかに超えた豪雨により、道路冠水や床下浸水等の被害が出ている。人工構造物である下水管の拡張等には取り組んでいるが、準備から完成までに相当に長期の時間がかかる。

グリーンインフラとは、都市基盤（インフラ）を人工構造物であるアスファルトや下水、放水路等にのみ頼るのではなくて、緑の持つ機能を積極的に使う考え方だ。植物や土壌の持つ自然の仕組みを利用して、雨水の貯留、浸透、流出抑制、汚染物質の除去、地下水涵養を行う。涌井さんは、ポートランドが緑に対して長期戦略を持ち、強い問題意識と大きな予算を投じていることも指摘する。

「ポートランドでは良好な都市環境を維持するために、価値ある緑地を積極的に購入する政策を展開し、一九五〇年から二〇〇〇年にかけて、都市成長限界線（UGB）内の緑地は、二〇平方キロメートルから八〇平方キロメートルまで増やしてきています。

ポートランドでは、ウィラメット川にそった高速道路を撤去してウォーターフロントの公園につくりかえる時に、魚や野生生物の保護、大気や水質の改善のために総額三億六三〇〇万ドル分の二つの債券を発行しました。この資金で、永続的自然保護のために自然地域の九〇〇〇エーカー（約三六四万平方メートル）を購入し、河川とその隣接地を七五マイル（約一二一キロメートル）にわたって保護しています」

大自然の森と違って、都市に残る緑は都市計画によって意志を貫いて、資金を投入して残さなければならない。環境都市となるためには、先手を打つ戦略的な投資が必要だ。しかも、産業優先の風潮の強い時代にポートランドの環境投資は着々と進んできた。

「二〇〇二年にポートランド市は、グリーンビルディングの建設を促進するために、地域特性に配慮した、雨水管理やエネルギーの効率的利用、土地利用や公共交通優先等のより高い目標を盛り込んだ「ポートランドLEED」を発表しました」

LEEDとは、アメリカグリーンビルディング協会が一九九八年から用いている環境や持続可能性に配慮したビル評価システムのことだ。立地、水利用、エネルギー、資源材料、内部環境、デザイン技術の六分野にわたって建物を評価している。環境を基軸とした都市政策がポートランドをつくり、グリーンコミュニティを育てあげたと涌井さんは指摘する。

広域自治体メトロの役割

二〇一七年四月にポートランド州立大学(PSU)に招かれた折に、私は、時間をつくってUGBを管理するメトロに出かけている。ポートランド市を含む二四の自治体を管轄するのがメトロ政府で、一九七九年に発足した。人口一五〇万のメトロの運営責任者である議長と六人の議員は選挙で選出される。メトロは、管轄する地域全体の土地利用やゾーニングについて決定権限を持つ。こうした広域運営は、都市交通・運輸等で見られるが、UGB等の土地利用・ゾーニングまでを広域で運営しているのはアメリカでも他にないという。このメトロでは、緑の確保のために、さらに公園用地を購入し拡張をはかろうとしている。UGBの保持のため、メトロは大きな役割を果たしている。

「ポートランドの魅力は、自然が身近にあることです。一方でUGBがあることで、農家の皆さんが開発や投資等の話に翻弄(ほんろう)されずに、自信を持って農業を続けられるというメリットもあります。長い目で見た農業を安心して続けられる環境を守るというのは、オレゴンの大事なところです。

UGBの中にある空き地は、メトロ、あるいは郡や市が持っている空き地もありますが、すべて公園です。この公園の自然は守られ、何かが建つということはありません。私たちが、公園や緑を買い足すという時には、住民投票で決めます。住民投票でＯＫになると税から資金を支出することができます。二〇〇六年から、公園を買うための住民投票を二回実施しました」（メトロＵＧＢ担当者）

シンポジウムを振り返る

シンポジウムの冒頭、涌井さんはキーノートスピーチで、「日本庭園は、「自然との共生」をデザイン化・可視化した空間であり、その基本を流れている哲学に共鳴したポートランド市民が支えてくれた。しかも、ポートランドでは成長欲求ではなく、自分と周囲の幸福感を尺度にした街づくりが行われている。世田谷から、あるいは日本からポートランドに大きく学ぶべきではないか」と語った。

次にスティーブ・ブルームさんが登壇する。敷地面積一二エーカー（約五万平方メートル）、年間来場者三五万人のポートランド日本庭園の大改修は二〇一五年に始まり二〇一七年四月に完成したが、注目すべきは資金調達規模だ。すでに紹介しているように、六年かけて三三五〇万ドル（約三六億八五〇〇万円）を集めている。

「ポートランド日本庭園は、北米でも最大規模の庭園です。日本の造園文化を尊重するために日本人庭園技術ディレクターシステムを導入し、歴代の日本人造園専門家が庭園の管理・運営にあたってきました。また、日本庭園の伝統的な要素に、オレゴン州のこの地にある美的センスを融合させました。また、開園当初から市営として運営するのではなく、ＮＰＯ法人を立ちあげて、幅広く市民参加で経営していることも特徴です。ポートランド市に土地は借りているが、地代は年間一ドルの支払いです。一方で八〇〇〇人が運営会員となって資金を出してくれています」
多額の寄付金のなかには、日本の企業や個人からの寄付もあるが、多くはアメリカ人からの寄付でまかなっているという。スティーブ・ブルームさんとは、ポートランドと日本で何度か会っているが、ポジティブで話題豊富、全身から情熱がほとばしる魅力的な人物だ。

小林さんも、建築家としてポートランドを語る。「西海岸の大都市、ロサンゼルスやサンフランシスコを逃れて、ポートランドに移り住んだヒッピー文化の影響を色濃く受け、街の気風となっていると僕も感じます。「フリーである個、自立的で個が確立された自由を重んじる土壌」があって、ゆるやかな横のつながりを持っているが、行政等の公権力に対しては住民自治組織(ネイバーフッド・アソシエーション)に基づく秩序ある街づくりが行われてきた。こうして、過度に成長を追い求める華美な都市再生ではなく、都市デザインを巧みに入れることで、歴史的建造物の保存とリノベーションを基本として地道でストレスの少ない街の再生に成功していると思う」

東急電鉄の東浦さんは、ポートランドは、魅力はあってもそれを「世田谷に直輸入できない理由」があるとした。「政治・行政・税制等の仕組みが違う」「市民・区民の街づくり意識と関与の仕方が違う」「住宅地が多すぎ、また産業立地があまりにも少ない」「地域の広さと人口に対して公共交通が弱すぎる」「住民・来街者ともに質の多様性に欠け、行政・住民ともに明確な危機意識を持っていない」ことなどを指摘した。

それでも、ポートランドの豊かで文化的なライフスタイル、自立した創造経済、環境に配慮した先進の街づくり等を学ぶことで、今後、世田谷が進むべき方向性が見いだせるとして、ポートランドとの交流の方向となるポイントを東浦さんはあげた。「環境にいい人中心の社会づくり」「自分らしい表現や起業ができて、区内経済を活性化する創造経済都市へ」「古い建築物や地域資源をリスペクトして、保全と利活用をして地域価値を高める」「車に依存しすぎない「誰でも移動しやすく歩いて楽しい街」を育てる」「食の安全と地域循環型の「地産地消」」「次世代につなぐ新しい世田谷ライフスタイルづくりの模範を社会に提示する」等である。

「未来志向で、行政・住民・来街者・就業者が相互に認め合い、ともに世田谷区が目指すべき方向性を共有できれば、可能性が開けるかもしれない」とも添えた。

このシンポジウムで「世田谷ポートランド都市文化交流協会準備会」がスタートして約一年、何回もの準備会合を経て、「準備会」を外した正式発足の記念シンポジウムが二〇一八年六月三〇日に、同じく東京都市大学「夢キャンパス」で開催された。やはり会場をぎっしりと約二〇〇人の参加者が埋めるなかで、「世田谷ポートランド都市文化交流協会」(代表涌井史郎・副代表小林正美)がスタートした。両都市をつなぐ企画やイベントのみならず、交流を通した人材育成にも取り組むことになった。

ポートランドからの訪問

二〇一七年九月、前在ポートランド日本総領事の古澤洋志さんから、ポートランド市役所のキンバリー・ブランナム振興局エグゼクティブ・ディレクターがオレゴン州からの訪日団とともに来日予定であり、世田谷区を訪問したいと打診してきたとの連絡があった。しかも、区役所に区長室を訪問するだけではなくて、その機会を生かして、公開の場で私との間で意見交換ができないか提案があった。

どうにか日程調整がついたのが開催日の二週間ほど前で、急ごしらえではあったが、一〇月一二日午前九時から明治大学和泉図書館ホールでシンポジウムを開催した。主催は、二子玉川でのキックオフ企画を終えたばかりの世田谷ポートランド都市文化交流協会準備会で受けるということになった。

その朝、明治大学和泉校舎に早めに到着すると、時間前だが、ボランティアで進行に協力してくれる学生や参加者がてきぱきと作業を始めている。平日の午前九時という時間帯だったが、当日、大学生をはじめとして、ポートランドに関心の深い人々が六〇人余り集まってくれた。小林さんの進行のもとで、私は、次のような挨拶をした。

「ポートランド振興局エグゼクティブ・ディレクターのキンバリー・ブランナム氏の来日、そして世田谷区への訪問を心から歓迎いたします。私は二〇一五年一一月、初めてポートランド市を訪問しました。以来、二〇一六年、二〇一七年と連続して三回の訪問を重ねました。私は、この街の魅力にすっかりとりつかれ、また都市再生の物語を担った人々に深い興味を抱いてきました。今回、キンバリー・ブランナムさんを迎えてお話を伺える機会を持ったことは、願ってもないことです」

過去三回のポートランド訪問を振り返り、新鮮な驚きや発見に恵まれて、実のある交流を経験したことへの感謝を述べた。

「この二年間、世田谷区内では、「ポートランドの都市文化」をテーマとしたシンポジウム、講演会等が頻繁に開催されるようになりました。私が有志に声をかけて主催したものや、区の都市整備部門で主催したもの等、それぞれに予想を超えた多くの参加者が集まっています。私たちに共通の関心は、ポートランドがアメリカのみならず、世界から注目される環境都市として評価を得ていくまでの道のりです。そこに、時代に先んじた都市戦略があり、街づくりに向かう哲学を感じるからです」

「都市戦略」だけではなくて、ここで私は「哲学」との言葉を使った。食文化やファッション、アウトドアスポーツやライフスタイル等、日本ではずいぶんと「ポートランド」は語られた。ただ、私には、ポートランドで起きていることを、もっと掘り下げて解析したいという欲求があった。街づくりの細部に首尾一貫した考え方が貫かれていて、長い年月にわたって揺らがずに、どのように創られたのか。ポートランドの都市デザインの根底にある哲学は、どこから生まれ、誰を対象としているのか。この街が、「人間らしいヒューマンスケール」を貫いている原点はどこにあるのか。都市計画やプランニングにあたる独自の視点、尺度、構想の基盤はどこにあるのかと興味が尽きない。ポートランドの街づくりは、よく見かける他の「自動車交通を最優先した街」や、「不動産投資の効果を最大化した超高層の街」などのありふれた一般的枠組みから大きく距離を置いて抜け出している。

「〈暮らしやすさ〉の都市戦略」という言葉は、私の造語です。「住み心地のよさ」や「親しみやすい街」と呼んでもいいかもしれません。人が居住地をどこにするかを定める時に、〈暮らしやすさ〉は大きな選択規準になります。もちろん、国や制度の違いを超えて、都市文化の未来を展望する時に確かなキーワードとなります。

都市再生にかける根源的な哲学を、一九八〇年代からポートランド市民は営々と築いてきました。この点を大いに学びたいと思います。「人間らしい充実したライフスタイル」を取り戻すことが、私たち東京に住む者にとっても、最も重要な都市再生のキーワードだということに気づかせてくれたポートランドと多くの友人たちに感謝します」

振興局から見たポートランドを語る

来日したキンバリー・ブランナムさんは、ハーバード大学ケネディ・スクール大学院で公共政策学博士号を取得している。大学院在学中は、上院議員事務所で多くの経験を重ねた。また、アフリカのブルキナファソで農村部の教育と地域開発にたずさわった経験も持つ彼女はこう語りかけた(**写真20**)。

「私はポートランド育ちで、ポートランド市役所の振興局エグゼクティブ・ディレクターをしています。今回の日本訪問は初来日ですが、さきほど保坂区長から、私たちのポートランドに何度も足を運ばれていることを聞きました。

現在、ポートランドの経済はアメリカ合衆国のなかで最も堅調です。二〇〇九年以降の景気後退期でも影響を受けることなく、成長しています。アメリカの各地から多くの発明、特許、イノベーション等の才能が集まってくる。ポートランドの活況は、人材の豊富さが源泉です」

街の魅力、豊かさとは、そこに集う人々の個性の集合体であり、意欲的な行動であり、周囲の人々に配慮を欠かさない優しさだ。

「ポートランドと世田谷とは共通点も多いと感じます。世田谷にも路面電車がありますね。ポートランドでも、ストリートカーが玉電(東急世田谷線)のような猫電車(玉電一一〇周年記念で豪徳寺の招き猫をデザインした車両を走らせた)になればもっと人気が出るでしょう(笑)。ポートランドには大きな日本庭園があり、ジャパンタウンもある。ポートランド周辺には、一四〇を超える日本企業のオフィスが進出していて、雇用も一万人以上にのぼります。

オレゴンの自然は魅力的です。フォレストパーク、マウント・フッド、オレゴン・コースト、コロンビア川。これらすべてはポートランドから車で一時間もあれば到着します。活発で賑わいのある都市のすぐ近くに落ち着いた自然があるので、多くの人をひきつけています」

冬の晴れた日は、世田谷からも富士山がきれいに見えるが、ポートランド市内から見るマウント・フッドは、東京から見る富士山よりもはるかに近い。山があり、森林があり、川があり、渓谷があり、滝がある。そして、州有化された広大な太平洋の海岸も遠くない。キンバリーさんは続ける。

写真20　キンバリー・ブランナムさんと握手する著者

「振興局はポートランド市の経済開発に関わっている局です。四つの主要産業である「ソフトウェア」「アスレチック・アウトドア」「環境技術」「先端技術」を手がけています。振興局長としての私の役割は競争力があり、健全で公平な都市を築くことです。

市民の雇用を改善するプログラムを開発しています。こうして、都市問題に対し、成長を促す役割をしています。一方で、成長管理もまた大きな課題です。ポートランドの都市としての評価が高まるにつれて、転入者が多く、住宅価格が高騰し、ふたたび交通渋滞を引き起こすという状況を迎えています。世田谷でも似たような課題に直面していると聞いています」

西海岸の大都市であるサンフランシスコは、近年は家賃が高騰してしまい、高額所得者でないと支払えない賃料にはねあがっていると聞いている。自然環境に恵まれ、おいしくてリーズナブルなレストランがあり、家賃も格段に低廉であることで、ＩＴ技術者やクリエイターがポートランドに集まり、各分野での知的集積をつくりあげていった。その結果が「移住者ラッシュ」となり、魅力のひとつだった低廉な家賃も上がりはじめ、公共交通の充実で解消しようとしてきた道路渋滞もさらにひどくなるというポートランドの成功にともなう悩みには、解決策はなかなか見つけにくい。

二〇一六年にポートランド市内のニューシーズンズ・マーケットの前に建設中のマンションの洒落た部屋をデベロッパーに見せてもらったことがある。八〇平方メートルぐらいの新築のマンションで、家賃が二〇〇〇ドルということだった。交通の便がいい世田谷区内の新築のマンションと比べれば、三割程度は安い。しかし、現在は当時よりもさらに、値上がりしているということだ。

「ポートランドの経済は堅調ですが、課題はあります。中間層の職が自動化されてテクノロジーに代わられ、貧富の差が広がっています。多くの市民は、現状の経済成長を実感していないし、女性はテクノロジーの分野で新たな課題に直面しています。私は、「経済格差の広がり」は大きな課題だと考えています。振興局では目下、「経済格差」に様々なツールやプログラムによって対応しようとしています。そのひとつが都市再生です。都市再生地区では固定資産税の将来価値を使って投資を高めようとしています。さらに、その都市再生地区の近郊への投資をさらに活性化しようとしています。このようなかたちでコミュニティに企業が投資をする手伝いを行い、健全な近隣関係を築くことに貢献しています。さらに繁栄するように、雇用が創出されるように手伝いもしています。

ポートランドの都市再生では、ダウンタウン近くのパール地区は好例です。私が小さい頃は、この地区は、がらんとしていて誰もいませんでした。しかし、都市再生プログラムを活用したことで、大きく姿を変えました。このパール地区の部屋の三〇％は、低所得者用住居になっています。

日本とも関係の深い多くの優良企業がポートランドにあります。環境にやさしい建物や持続可能なエネルギー、水管理、運輸、金融業などです。かれらは人々をウォーターフロントに結びつけるために革新的な戦略を策定しました。今後もこのような関係を継続させ、環境、緑にあふれる繁栄を目指したい。世田谷、ポートランドの双方でこれが実現することを期待しています」

交流から学び合いへ

キンバリー・ブランナムさんの話の後で、小林さんがモデレーターをつとめて、短い時間だが意見交換のひとときを持った。

小林　街づくりが成功して地価が上がったりして住みにくくなる問題(ジェントリフィケーション・gentrification＝再開発の結果、魅力を向上させた街の人気が高まり、富裕層が流入して、家賃上昇などを招く現象)はどうですか?　ニューヨークのビレッジなど事例は多いようですが。

キンバリー　再開発をするときには建物や道路を考えがちですが、私は人、コミュニティに焦点を当てることが重要と考えています。まずは、再開発する建物に低廉な賃料の住宅を入れられるかどうかを検討します。次に、開発のペースを緩やかにして、人々が対応できるようにします。ペースが早すぎるとコミュニティが崩れてしまうことがある。さらに、しっかりしたポリシーを持つことが大事です。公共も民間も手が届く価格のものであることが重要となってきます。

保坂　同感ですね。人々の営みの土台となる街づくりを「机の上の図面」だけで進めるのは弊害(へいがい)があります。下北沢はアジア的な雑踏と路地が入り組み、歩行者が車を気にしないで歩きまわることができる魅力的な街だけれど、災害時や火災等の安全対策上、消防車の進入路は必要となります。けれども、ステレオタイプのよくある再開発のパターンに陥らないように、改めて下北沢を都市的な魅力ある街にしようと住民参加で繰り返し話し合いを続けています。話し合いには時間がかかるけれど、時間をかけただけの成果は出てきます。誰かに押し付けられた街ではなく、みんなでつくりあげた街、住民自身が当事者になるような街づくりをしたい。ポートランドのネイバーフッド・アソシエーションの話し合いの一端を聞かせていただきましたが、そこを学びたいと思います。

小林　ポートランドでは、建築主・市民がＬＥＥＤ認証の建物を積極的に求めているんですね。スクラップ・アンド・ビルドで全部壊して建て直す日本と異なり、古いものを積極的に使うという意識が市民にも浸透しているように感じます。

キンバリー　ポートランド市民は、美しい自然に囲まれているせいか、環境に対する意識が高いと思います。市では環境にやさしい建物を広げ、都市として気候変動に対処するポリシーを実現するために職員を割り当てています。

最初は民間から反対が多かったんです。けれども、結局はデベロッパーにも、オーナー側が環境にやさしい建物を求め、その対価も支払ってくれるということが理解されるようになってきました。そこで、市からの指導がなくても、環境にやさしく持続可能性がある建物を自主的に建てるようになってきています。二〇一七年夏にオレゴンで大きな山林火災があり、人々は気候変動が起こっているのだということを認識し始めており、ポートランドも世界各国とともに気候変動に向き合っています。

保坂　世田谷区は、東京二三区のなかでは緑が多いほうですが、継続して緑を維持し、増やすことに大変苦労しています。住宅都市として環境がよく、緑に恵まれると価値が上がり、その環境を求めて人口が増えていく。その結果、緑豊かなところの木を切って、流入してくる人たちの住宅が建つということも起きている。新しく森をつくろうという動きがあって、この方々には注目しています。再開発地域にある二子玉川公園で七五〇人の区民が一五〇〇本の苗を植える大きなイベントをやりました。ここは、「いのちの森」と名づけられ、五年ほどで五、六メートルの高さまで成長しました。もう少したつと、森になるでしょう。都心と同じコンクリートの街にしないように、職員一同頑張っています。

小林　リバブルシティ(livable city＝住みやすい街)について伺います。ポートランドに新しい橋、ティリカム・クロッシングが架かりました。人と自転車とトラムだけで、車が通らない橋であることに驚きました。かつて、中心部のトラムは無料でしたね。ポートランドの街では、レストランもビールも美味でした。最初は公共がリードして、後から市民が中身をつくっていったということでしょうか。

キンバリー　そのとおりです。都市計画についてはメトロが通常は四〇—五〇年間を見て計画します。ライトレールなど実現に数年かかるものもありますが、市民は選択しています。電車、ライトレール、バス、自転車について市民とともに話し合うこともあります。

保坂　キンバリーさんのお話のなかで、日本との共通点があると感じました。中間層が分解して、AIなどに職を奪われて成長を実感できないという点です。ただ、ポートランドでは、ユニークな独立や新たに起業する若者たちがいます。新しいスタイルのカフェや、ハンドメイドのスマホケースをつくったり、リスクを引き受けて、なお意欲があって挑戦的な若者が目立ちます。ポートランド市としても、こうした若者を支えているのですか？

キンバリー　そのとおりです。ポートランドでは、若い起業家が非常に多いんです。iPhone のカバー、スニーカーのデザインなど多様です。この人たちは、決して営利目的だけではなく、仕事を通して、コミュニティの問題を解決しようとしています。私たちは、若い起業家が先輩事業家と会う機会を設けたり、銀行や弁護士等の専門家への紹介もしています。ポートランド振興局としては事業を発展させ、新たなビジネスを成長させることが非常に重要です。

保坂　また、先ほどのキンバリーさんのお話で、「貧富の差は大きな課題」とのことでした。「都市再生地区に戦略的なツールを投入して活性化をしていく」とのことですが、その内容をもう少し詳しく教えてくださいますか。

キンバリー　もともとポートランドの都市再生は中心部の選ばれた地区で行ってきました。それでは、受益者は富裕層のみになってしまう。そこで、周辺部も都市再生の対象とするようにしてきました。こうした場所では、中低所得者層や移民を重視しています。また、ビジネスにその場にとどまってもらうことが重要なんです。たとえば四階建ての建物を造ったらその一階にその場で長期的にビジネスを行う企業に入居してもらうようにしています。都市再生により、人も企業も活性化できるように考えています。

小林　マイクロインダストリーといって、ウィラメット川の側に、若く小さな企業が集まってきています。ポートランドメイドというＮＰＯが企業と企業をマッチングしたり、市民でも交流しているんですね。日本からも応援したいと思います。大企業ではない日本の若者、企業との交流を歓迎してくれますか。

キンバリー　もちろん。区長が言うとおり、私たちも数十年前は大量生産に重きを置いていました。そこから、現在は高品質で小ロットの生産に移行しています。コーヒーやチョコレート、洋服でも、細部にこだわりがあります。商品の品質を求めるのは、オレゴンにも日本にも共通する価値と思っています。ぜひ、オレゴンにお越しください。日本のことも興味深く見ていますよ。

保坂　シンポジウムの会場にもポートランド訪問をしたことのある方が多く来場しているようです。これまで、民間が先行してきたが、今後、行政の立場も交えて魅力ある都市づくりについて経験交流などを発展させたいですね。

キンバリー　ありがとうございます。様々なベスト・プラクティス（最善の方法）などについて共有させていただければと思っています。私たちが学ぶところも、双方に共通な価値観も多いと思います。ぜひ、交流を継続しましょう。

保坂　ポートランドからは、街の将来を長いスパンで描いて、街を変えてきたという歩みに勇気をもらいました。あきらめず志を貫くことが大事ですね。

短い時間だったが、質の濃いやりとりができた。ポートランドの街づくりも、好循環で発展するだけの状態ではなくなった難しい時期に差し掛かっている。ポートランド市開発局（PDC）も組織変更となり、キンバリーさんが統括する振興局として再スタートしている。全米から集まってくるホームレスの増加も難題のひとつだ。光もあれば影もある。互いに抱えている影の部分も率直に語り合いながら、都市文化の質的発展を目指していきたい。

帰国後、キンバリーさんから「初めての日本訪問で、滞在中の印象深い場面が明治大学で行われたシンポジウムでした。世田谷区とお互いの都市にとって利益となる友好的、また経済的関係を築いていきたいと望んでいます」とのメッセージを受け取っている。

9

下北沢の変化とポートランドに向かった人たち

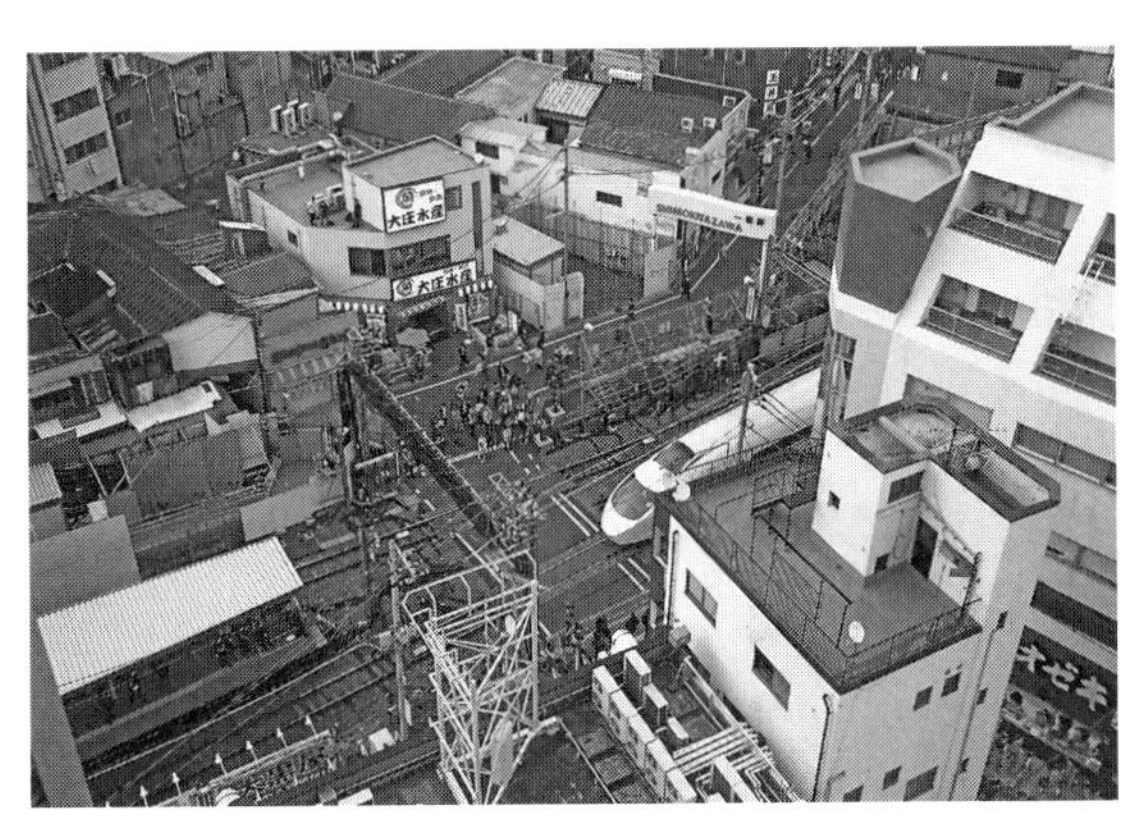

小田急線が地下化される前の下北沢(矢郷桃氏撮影)

下北沢の将来像を考える――北沢デザイン会議

二〇一四年八月。高橋ユリカさんは、私の前で「八月二六日に何とかして行かなきゃね」と静かに呼吸しながら言った。末期ガンで緩和病棟にいた彼女は、徐々に体力を減じて衰弱していた。私が見舞った八月一七日で、彼女が目標にしていた「八月二六日」はその約一週間後だった。「一週間、持ちこたえられるかどうか」と彼女も自らの生命の限界を感じていたのだろう。八月二六日とは、「第一回北沢デザイン会議」が北沢タウンホールで開催される日だった。

「必ず出てきてね。待っているから」と答えた私も、彼女ならきっと当日、出てくるだろうと信じていた。しかし、生命はその日まで燃え続けることはできなかった。「ユリカさん、ついにダメだった」とつらい連絡を受けたのは、面会から三日後の二〇日だった。八月二六日、二〇〇人余りの多くの参加者がユリカさんが亡くなったことを知らないままに、北沢タウンホールに集まった。

「第一回北沢デザイン会議」で当日配布されたプログラムには、パネリストに「高橋ユリカ」と印刷されている。パネリストの席には「高橋ユリカ」と名札がかかり、彼女のかわりに見事な白い百合が飾られていた。山の中、急峻な谷間でギラギラと照りつける太陽に向けて、勢いよく背丈の高く伸びた白い百合のように見えた。

この北沢デザイン会議とは、地下化された小田急線の地上部(梅ヶ丘―代々木上原間)を都市の魅力ある空間として創りあげるために、計画の骨格を情報開示した上で意見を出しあうもので、住民参加の都市デザインを目指して始まった。ユリカさんが、何とかこの会議に出席をと願っていた理由は、長いあいだ膠着していた「対決」の構造が解けていくきっかけとして重要だと考えていたからだろう。北沢デザイン会議の役割は、下北沢の再開発計画と道路問題をめぐって街を二分する「賛成」「反対」の激しい意見の相違を乗り越え、過去の経過はふまえながらも、立ち止まることなく、「これからの下北沢をどう創りあげるか」という共通のテーマに取り組む土俵をつくることだった。

北沢デザイン会議は、パネリストに地域の自治会・町内会や商店街、住民活動団体、地元メディア、子育て団体等の代表者が集まって、街づくりへの思いを語るところからスタートした。また、街づくりに関わる団体やグループがブースを出して、活動紹介をするコーナーにも、様々な顔があった。ラウンドテーブルを目指した動きが始まったばかりなので、いきなりうまくいくものではない。それぞれのこだわりや意見を言い合いながらも、意見の違いを頭ごなしに否定せずに互いに認め合い、街づくりに向けての準備を始めていこうという雰囲気ができたことは大きな転換点だった。

下北沢の将来像に対しての意見は、「都心と同じ手法の再開発でなく、シモキタらしい知恵を出してほしい」「路地裏のよさをいかしたい」「いろんなものが共存できる多様性を」「緑が多い遊歩道をつくりたい」「地域の力で植樹をしたり手入れをしたりする」等の声とともに、「駅前広場はタクシー乗り場くらいはほしい」「消防車が入れる道幅を確保してほしい」「街歩きで通路を利用する人と地元住民の間の調和を」「将来つくられる駅前広場等の利用のマナーを向上させたい」等の声が出てきた。個性的でこだわりのあるシモキタのＤＮＡと、公共交通や防火・防災等の必要性も、対立するのではなくともに実現する方向を探るのがこの会議とラウンドテーブルの役割だ。

北沢PR戦略会議

北沢デザイン会議は、その後も継続して開催され、小田急線地下化後の地上部の利用をテーマとして語りあってきた。会議のテーマである小田急線の線路跡地の活用については、下北沢周辺地域の街づくりにとって大きな軸であるけれど、街はこの線路上部の周辺へと広がる。線路上部以外にも、下北沢を中心とした沿線と周囲の街全体も視野に入れた街づくりが必要だ。そのために、幅広い住民参加の議論の場として、さらに、二〇一六年一〇月に新たに「北沢PR戦略会議」が開催される。これからの街づくりのテーマをあげて、住民自身がいくつかのチームを組んで話し合いを続けていこうというもので、「部会」と呼ばれるグループがスタートした。二〇一八年二月現在は、九つの部会となっている。部会の名前だけでも、多様性に富んでいて、ワイワイとにぎやかだ。

下北沢に関わる情報を受け、整理し、発信する「シモキタ編集部」、下北沢の多元的な情報をインフォメーションしウェブ上で発信する「イベント井戸端会議」、駅前に案内所を設営し、案内人・コンシェルジュの育成を目指す「下北沢案内部会」、公園や緑化システム等の事例研究を重ねて、広場や公園、街に緑の配置を提案する「シモキタ緑部会」、駅周辺の工事完成後のルールづくりと課題の整理を行う「公共空間運用ルール部会」、下北沢周辺の人口、世帯、年齢層等を収集し、街のデータを分析する「キタザワ　リ・サーチ」、小田急線連続立体交差事業についての経過を検証し、今後の課題を考える「シモキタの新たな公共空間を再考する部会」、車椅子や障害のある人に配慮の行き届いた街をつくる「子どもから高齢者まで安全にすごせるユニバーサルデザイン部会」、駅前広場の構造やデザインと完成までの暫定利用を考える「下北駅広部会」がそれぞれ活動している。

北沢PR戦略会議は、発足してから一年半の間に、全体会が計七回開催された。その間に、それぞれの部会では何度も集まりを持ち、企画を具体化すべく議論を進めていた。たとえば、二〇一八年春には下北沢の駅前に一五平方メートルの仮設建築で「案内所」がオープンした。駅前広場についても、平常時に公共交通アクセス機能を持ちながら、広場全体を使ったイベントでの活用も可能な構造・設計にできないかという声が強い。土木や道路構造に詳しい専門家も入って議論を進めている。

ポートランドにヒントを得る

最初の訪問から数年間、ポートランドについて世田谷で語りあう機会を多く持った。企画したシンポジウムには、SNSで情報をつかんだ人々が集まってきた。区外からの参加者もいたが、世田谷区民の参加者が多かった。しかも、それぞれの興味や関心でポートランドとつながりを持ち、イベントを開催したり、ツアーを組んでポートランドに出かけていく人たちも多い。

下北沢の商店街のひとつ、しもきた商店街振興組合の柏雅康理事長は、二〇一六年九月に一〇人でポートランド視察ツアーを行っている。下北沢の街が大きな変化を迎えようとしている時、ツアーに出かける半年前に商店街事務所で研修会を開催した。そこに講師として登場したのが吹田良平さんだった。吹田さんは先にふれたように、ポートランドブームの火付け人と言ってもよく、ポートランドの街づくりに多くのヒントがあるのではないかと柏さんは直感したという。

「この年の五月に、山崎満広さんの講演会を私たちの商店街主催で下北沢大学として開催したのです。だんだんとポートランドが身近になって、それじゃあ行ってみようかということになりました」と柏さん。吹田さんらによって、ポートランドのものづくりの現場や商業者の声を聞くプログラムとなったという。

最初に行ったのが、「メイドヒア・ピーディーエックス」(Made Here PDX)だった。エースホテルにも近いレンガ造りの建物の中に、ポートランドで生まれたチョコレート、塩キャラメル等の菓子や、コーヒー、紅茶、服やカバン、キッチン用品、絵画から文具、自転車までが展示されている。ポートランドのアーティスト、デザイナー、職人のつくったものが店内に配置されている。

「ポートランドの人って、「ポートランド愛」が凄いんだなって思いました。この店は、観光客向けのお土産屋に染まらないで、市民のための雑貨屋になっていました。食材だけじゃなくて、身の回りで使うものも地元産にこだわっているんですね。メイドインポートランドしか着ない人もいるぐらい」と語る小清水克典さんは、商店街出資の街づくり会社「ハッスルしもきた」の社長だ。

下北沢が若者の街だからと言っても、生活用品から耐久消費財までをすべて揃えることは不可能だ。街には古着屋や、古家具屋もいくつかできてきたが、DIYのすべての材料が揃うというところまではいかない。

「グッド・モッド」(THE GOOD MOD)は、アンティークの中古家具をリメイクして販売する店舗だ。ダウンタウンの中心部に近い倉庫だったビルの四階の店内は天井が高く、品数も圧倒的に多い。店舗の奥には、古い家具を磨いたり、修復する作業場・工房もあった。また、「DIYの聖地」とも呼ばれるポートランドには、世界最大とされるリビルディングセンター(The ReBuilding Center)が五〇〇〇平方メートルの巨大な倉庫の中にあり、古家を解体した時に出てくるドア、窓、洗面器、便器、キッチン、柱や梁等の建材等、豊富な在庫を誇っている(**写真21**)。

ポートランドでは、若い世代の起業が盛んで、趣向を凝らしたハンドメイドの工芸品に人気が集まる。iPhoneの木製ケースがインターネットで大きな反響を呼んだ「グローブ・メイド」(GROVE MADE)はポートランド育ちの冨田ケンさんが二〇〇九年に創業している。デザインの細部にこだわった精巧な仕上げは職人たちの手によるもので、大量生産には向かない。インターネットによるグローバル市場と手作りがつながる形態で、注文から納品まで相当に待ってもらうこともあるという。

写真21　リビルディングセンター(久保寺敏美氏撮影)

「フォードビル・デザインスタジオ」(Ford Building Design Studio)は、フォード社のビルを再利用し、クリエイティブなデザイン会社が複数同居している。小さなデザイン事務所が同じ建物に集まり、行政のサポートによって工具や3Dプリンター等をシェアしながら共同利用する工房もある。こうして、クリエイティブなものづくりの挑戦者たちが互いに刺激しあいながら才能を発揮していける基盤ができている。

「ポートランドを見てきて、下北沢でもアーバンマニュファクチャーをやりたいと思いました。都市のなかで、ものづくりを育てる街にしていきたい。ただ、自分から主体的に動き、試み、挑んでいくポートランドとは違って、日本ではまだ行政や企業に注文を出したり、期待していく文化があるので、その気風から変えていかなければならないのかもしれませんね」と小清水さん。

小田急線の完全地下化が二〇一八年三月に完了した後は、地上部の線路跡に施設群がつくられていく。これまで下北沢を支えてきた商業者に加えて、多様な分野で仕事をする人たちが街に入ってくる可能性がある。「僕らの街づくり会社で、シルクスクリーン印刷の道具を持っているんですが、これを有効に使ってTシャツやポスター等をつくり、街の活性化に役立てたいですね」とも小清水さんは続けた。

柏さんは、「アメリカは車社会なのに、自転車専用レーンがしっかりあったり、路上カフェを楽しむ人々がいたり、街全体を住民が参加してつくっている姿がうらやましいと思った。下北沢に、店先や軒先の小さな緑でもつないでいくような意識が芽生えていくといいと思う。緑があって環境がいい、人の集まる商店街にしたい。下北沢の可能性として、北沢PR戦略会議が始まった第一回目はとても新鮮でした」と語る。

シモキタ緑部会が目指すもの

先に触れた北沢PR戦略会議のなかで「シモキタ緑部会」が活動している。このメンバーが、二〇一七年四月に北沢タウンホール集会室で、ポートランドのNPO「シティ・リペア」(City Repair)のマット・ビボウさんを招いて講演会を企画した。私も、どのような経過で企画が進んだのかを知らないままに、会場の一角で耳を傾けたことを覚えている。シティ・リペアは、コミュニティに根ざした市民運動で、住民同士が親しく交わる仕組みを提供するユニークな活動を繰り広げている。

下北沢で、緑部会のメンバーである「かまいキッチン」という飲食店を経営する山崎久美子さんと、亡くなったユリカさんの友人で「グリーンライン下北沢」の活動をともにしてきた関橋知己さんの話を聞いた。関橋さんがユリカさんと出会ったのは、世田谷区長に私が就任した年に行った区政報告会の場だったのだという。この場で、関橋さんはユリカさんから「グリーンライン」のチラシを受け取った。

「ユリカさんは、再開発に対しての賛成・反対の立場を超えたラウンドテーブルを思い描いていました。若い世代や子育て世代にも興味・関心を持ってもらいたいという願いも持っていました。ユリカさんが亡くなって四年になるけれど、元気であったら、きっと今の様子を見て喜んでいるんじゃないかと思います」と関橋さん。

山崎さんが下北沢の街づくりの議論に加わったのは、二〇一六年一〇月の第一回北沢ＰＲ戦略会議からだった。「子連れでも気楽に来店できる飲食店がなかったので、自分でやってみようと二〇〇九年に開店しました。ただ、当初は子どもが保育園に通っていたし、店をやるのにも精一杯で下北沢がどうなっていくのかに関心はあったけど動くことはできませんでした。北沢ＰＲ戦略会議が始まる頃になって、子どもも小学生になり、ようやく参加してみようと思いました」と山崎さん。

関橋さんと山崎さんが出会ったのも、第一回北沢ＰＲ戦略会議で話し合いのテーマのひとつとなった緑部会の場だった。会議の場で一五人ぐらいが輪になり、会議終了後も定例会を持つようになった。

こうした話し合いのなかで、シティ・リペアによる、ポートランドの住宅街の交差点の路上に、大きな絵を描いていく等の活動が話題となった。シティ・リペアの活動を下北沢で紹介したいと呼びかけたのは、佐藤有美さんだった。

フリーランスのライターをしている佐藤さんは、二〇一五年にシティ・リペアの創始者であるマーク・レイクマンさんとマット・ビボウさんが初来日した時に、都内でトークイベントの企画に関わっていた。その年の四月にポートランドに行って、ペインティングされた交差点やその他の活動を見てきたという。さらに、二〇一七年には三カ月滞在して、プログラムのひとつとして、ポートランドで毎年六月に行われるシティ・リペアのお祭りである「Village Building Convergence: VBC」に参加して、日本の盆踊りの輪をつくり、紹介する役割もしてきた。VBCのプログラムのなかに日本の事例を語るというものがあり、ポートランドの和太鼓グループとともに盆踊りをやってみたということだ。

「ポートランドの活発な住民活動を見ていると、下北沢の場合は商業の街で住民参加が難しいと感じます。ポートランドでは、住んでいる人たちが自分たちの暮らしを自分たちの手でもっと楽しくしよう！という熱気が凄い。彼らの視点はまず自分の暮らしから入り、結果として街が良くなるという発想です。世田谷とは、周辺の自然や、公園等の緑の環境もだいぶ違います。でも、アーティストが多いというあたりが下北沢との共通点でしょうか。街づくりをもっと楽しく、住民主導で考えるきっかけになればと思い企画しました」と佐藤さん。

シティ・リペアの活動によって、近隣の住民たちが新たに出会い直し、路上での催しを企画したり、語り合っている。当初は公認していなかったポートランド市も、その活動のコミュニティへの効果に着目して支援を始めている。日本でも注目する人たちが多く、下北沢でのシティ・リペアを紹介するイベントには、一〇〇人近い老若男女が集まった。下北沢周辺の住民や関係者が約半数で、ポートランドのシティ・リペアに関心を持つ他の地域の人たちも多数来ていた。

子連れでポートランドを訪問

「そう言えば、世田谷区で開催されたポートランドをテーマとしたシンポジウムの席で、「子連れポートランドの旅」を呼びかけていた人がいたんだけど知ってますか?」と聞いてみると、「それは、私ですよ。私が保坂区長にチラシを渡しました」と佐藤さん。たしか、「ポートランド現地集合」と呼びかけていた子連れの旅にびっくりした記憶があるが、やってみてどうだったのか。

「日本でポートランドは、オシャレな街だとか、ほとんど街づくりばかりが語られていたんですが、私はポートランドの人たちの「自分たちの暮らしから楽しんじゃおうよ!」という熱量に直接触れて欲しかったんです。「私たちも子連れで行って参加して、楽しんで身をもって体験しようよ」という想いで企画しました。「えっ、子連れだと旅なんて」と思っている人は多いんですが、一緒に旅しちゃえば子どもは子ども同士で遊んでくれるし、楽でしたよ。パワフルな活動家たちが集まり、出会いがあって、狙い通りでした。いまだにプログラムの参加者の交流は続いていています」

このツアーは二〇一六年六月に企画され、大人一五人、子ども七人の計二二人が参加した。

街にリビング・スペースを

小田急線の線路跡地にできる立体緑地や、公園にどのような緑をつくるのか。「草っぱらみたいな子どもが遊べる野原にしたい。一年草で植え替えていくのではなくて多年草にしたい。果物がなるような木が植えられたら」と関橋さん。「緑」「公園」「コミュニティ」という視点からポートランドと下北沢をつなぐ議論が始まっていたことを改めて知った。

「下北沢は商業地で、住民だけでなく、いろんな人が訪れる街で、住民も入れ替わりが結構あると思います。長く住んでいる人のコミュニティだけでなく、多種多様な人々の集えるコミュニティとなれる可能性が下北沢にはあります。開発途上の空き地等を使ってエディブルガーデンや身近な緑をつくることができればいいと思っています」と山崎さん。

さらに、「世田谷からポートランドに行ってきた」と語るのは、安藤勝信さんだ。世田谷でも緑の深い国分寺崖線近くに農地を持ち、古いアパートを「タガヤセ大蔵（おおくら）」と名づけてリノベーションし、一階を「地域に開くデイケアサービス」の場とし、二階は住居と子ども向け創作アートのアトリエとしている。安藤さんがポートランドに出向いたのは二〇一七年六月のこと。きっかけは簡単だった。「アパートの二階を使ってアトリエを開いている村上ゆかさんは「せたがや水辺デザインネットワーク」という多摩川の自然を利用した子どもの環境教育に関わるNPOを運営しています。偶然にも、その娘さんがポートランド州立大学（PSU）に留学していて、佐藤有美さんが紹介していたシティ・リペアの活動にも参加しているということで、彼女が娘のいるポートランドに行く機会に一緒に行ってみようということになったんです」

安藤さんが声をかけたのが、松陰神社通り商店街で街づくりをしている佐藤芳秋さんだった。このところ松陰神社通り商店街は変化が激しく、古くて閉店してしまった店舗が次々とリノベーションでよみがえり、個性的な店が続々と開店している。ポートランドの空気と通じあうところもある。佐藤さんは「ポートランドでの公園という公共空間の活用と街の魅力の関係に興味があった」という。

「世田谷とポートランドは共通点というか、雰囲気が近いものがありますよ。世田谷でも職住近接とか、ローカルコミュニティを大切にして生活している人たちがいるし、ポートランドに行って、世田谷でもやりたい人が本当にやりたいことをやれる街になれたらいいなと感じました」と安藤さん。

「ポートランドを見て、少し悔しかったのは、世田谷でも似たようなことをそれぞれやっているのに互いにつながっていないことが多いけど、それがポートランドではしっかりつながっていた。自分らしく生活して、他者に寛容な街だと感じました」と佐藤芳秋さん。

日本でも都市公園法が改正されて、従来のいくつもの禁止事項で縛られている状態が緩和された。二人は主体的に暮らしやすい街をつくる人々と、公共スペースである公園や道路が街のリビング・スペースになっているポートランドに刺激を受けたという。

安藤さんの話を聞いた後で、彼を通して、村上ゆかさんの娘である村上ゆうさんからメッセージをもらった。彼女とは、ＰＳＵで講演した時に会っている。

「私がポートランドで素敵だなと感じるのは色んな人たちが住みやすい街と思っているところです。

多様性を尊重していて、型にはまる必要がないのと、他人にジャッジされることを恐れる必要があまりない気がします。

他人の自由を尊重しながら、自分を大切にしている人が多いと思います。自分を大切にできると、他者や自分に栄養をあたえてくれる自然も大切にできるのかな。

すぐ、川や山に遊びに行けるので、街に住みながら自然との繋がりを大切にできている人が多いです。また、消費者になるだけでなく自分たちから何かつくることができる環境、住民たちのパワーの連鎖が素敵だな、と感じます。ドネーション(寄付)すれば参加できる個人イベントや、クローズスワッピングイベント(いらなくなった服を持っていって交換)等を簡単に見つけることができます。

ポートランドの課題は、街の人口増加によって開発されていく影響です。アメリカなので貧富の差が激しく、素敵なポートランドのイメージの傍らで生活に苦しんでいる人が既にたくさんいます。家賃がどんどん高くなっていき、もともと住んでいた人たちが土地開発によってずっと住んでいた場所に住めなくなってしまったり。街が大きくなるにつれてポートランドの今の良さが失われてしまうのではないかと心配している人がたくさんいます。

ポートランドと世田谷は少し似ている気がします。街を味わうことも忘れることも可能なところで、都会なのか田舎なのかわからなくなってしまうところ。私は、ポートランドに初めて来たときに一目惚れをしてポートランド州立大学で勉強をすることにしました。また、食や健康や他人やものを大切にするポートランドの文化は日本人にとっても馴染みのある居心地がいいものだと思います」

(村上ゆう　ポートランド在住。シティ・リペアプロジェクト/プレイスメイキングコーディネーター)

エピローグ

世田谷区の都心寄りの東部に「茶沢通り」がある。三軒茶屋の「茶」と、下北沢の「沢」を結んでいるから「茶沢通り」と呼ぶ。この通り沿いに、その名も「PORTLAND CAFE and MARKET」という看板を出したカフェが二〇一六年にできた。一度ゆっくり訪れてみたいと思っていたが、ようやくそのチャンスがやってきた。一七年もの間ポートランドに住んでいたオーナーが開店し、コーヒー、紅茶、ビールもポートランドから取り寄せている。この店で人気の「スティーブン・スミス・ティー・メイカー」(Steven Smith Tea Maker)の五五番を頼んで、ふたたび視線を足元に落としてみる。

私をポートランドに向かわせたのは、高橋ユリカさんの「遺言」だった。

二〇一八年三月三日、小田急線の下北沢を中心とする地下化部分のトンネル工事が完了して、残るは地上部の整備だけとなった。かつてユリカさんが精力を注ぎ駆け回った、線路上部を中心とした下北沢の街づくりも佳境に入っている。

「ユリカさんのケンカ友だちだった」と、下北沢で老舗のロックバーを営む下平憲治さんは振り返る。生命が危ないかもしれないと聞いて、見舞いに駆けつけた彼にユリカさんは、小さな声で、それでもはっきりと伝えた。

「下北沢よろしくね。下北沢でしもへい君と一緒で楽しかったな……」。これが通称「しもへい」こと下平さんがユリカさんから聞いた最後の言葉となった。下平さんは振り返る。

「一緒に乾杯したり、大喧嘩したり、僕とユリカさんの会う場はいつも下北沢だった。基本的に僕はアクションを好む傾向にあり、ユリカさんは普段の言動と違って、意外と着実にやるのが好みだったから。もともとは下北沢の再開発の見直しを目指して結成された「Save the 下北沢」にユリカさんが近づいてきたのが最初の出会いでした」

再開発の見直しについて、単なる「反対」だけではだめで、線路上部の再利用という公共的なテーマで「提案」もしていかなければならないというのがユリカさんの考えだった。目の前で二人が大喧嘩するのを、私が仲裁に入ってたしなめた記憶もある。物事のとらえ方やセンスが大きく違う二人の議論は平行線で、交わらないかとも思えたが、二人の気持ちが結びついたのが二〇一三年三月二三日、小田急線の最終電車をもって、地上の線路が消えて地下化された瞬間だった。

この日、小田急線下北沢駅の踏切の両側には大勢の人々が集まり、日本の鉄道史に残る出来事が起きていた。群衆のなかには、「さよならフミキリ、ようこそシモチカ」というポジティブでさわやかなコピーを一文字ずつ持って掲げているユリカさんもいた。新宿からの最終電車が下北沢駅前の踏切を通過すると、両側から大きな歓声が上がった。電車がホームに入り踏切が開くと、思い切り盛りあがった両側の人たちはハイタッチをしながら交錯する。そこには下平さんもいた。

電車が地上から消え、地下化されるという交通機関の切り換えイベントに集う興奮の熱気は何だろう。おそらくひとりひとりが持つ下北沢の原風景が消えていく瞬間を共有しようという連帯感であり、人々の内面に宿る記憶の集合体が発熱したのかもしれない。ハイタッチの瞬間に、いくつも飛び散った火花が照らし出すのは、これから始まる街づくりに対しての不信表明ではなく、いくつかの不安を抱えながらの期待だったと思う。その夜の群衆は、終電を見送った後、駅舎の前で挨拶に立った小田急線の下北沢駅長に対して、声が聞こえなくなるほどの惜しみない拍手を送った。

それぞれの下北沢には、青春の刻印がある。私にとっても下北沢は、二〇歳前後の孤独に直面し、さまよえる頃に、多くの出会いやひとときを過ごした街だ。踏切廃止のニュース番組も、規模としては比較にならないぐらい大きな渋谷駅の地下化のニュースと比べても、多くの時間を割いて、コメンテーターが若い頃の思い出等を熱く語っていた。これから街がどう変わるのか、世間の注目も集まった。

下平さんの立ち位置も大きく変わった。ロックバー「ネバーネバーランド」の店主として地元商店街に入り、企画担当の理事となる。豊富な人脈を駆使して、他に例のない企画を連発するようになる。「昔から下北沢に住んでいる人たち、大人になって住み始めた人たち、下北沢に遊びに来る人たちと、シモキタに属する人たちはバリエーションに富んでいるんです。どうしたら、世代や経験を超えて「下北沢の価値」を共有できるのだろうと悩んでいた時に思いついたのが、誰もが経験のあるジャパニーズクラシックな「将棋」や「盆踊り」でした。この文化を、街を舞台に展開できないかと」

下北沢の南側、本多劇場に面するあずま通りの自動車交通を一時止めて、歩行者専用空間にし、そこで将棋や囲碁などの「シモキタ名人戦」が始まったのが、二〇一二年のことだ。この名人戦のやり方も趣向を凝らしている。下北沢の居酒屋、レストラン等の「お店単位」(店員でもお客でも可)で選手を登録する。お店の看板を背負って勝負に挑むことになる。二〇一三年には「世田谷区制八一周年」と将棋盤が八一枡であることにちなんで、当時の森内俊之名人とプロ棋士たちが一般参加者のお相手をする「八一面指し」という企画が実現した。道路一杯にずらりと並んでいる八一の将棋盤に向かっている老若男女の将棋ファンに対して森内名人とプロ棋士たちが巡回して早業で駒を進め、勝負していく。さらに、囲碁の武宮正樹九段も参加して囲碁大会も行われるなど他にない豪華イベントとなって人気を呼び、回数を重ねている。下平さんが世界で愛好されるボードゲーム、バックギャモン日本協会の代表であったことから、将棋や囲碁のトッププレイヤーと親しく、独自の人脈を生かした企画だった。

　また、下北沢の駅前マーケットの跡地を利用して、「盆踊り」を三〇年ぶりに復活させた。シモキタらしさにこだわり、特色を出すために、彼らは音楽関係者に向けて「シモキタ音頭」の公募に踏み出した。「マツケンサンバ」の作曲をした宮川彬良（あきら）さんが特別選考委員をつとめ、地域の商店街、町会の代表が審査に参加し、「馬浪（うまなみ）マラカス団」がグランプリに輝いた。さらに、盆踊りの振り付けは、「マツケンサンバ」を手がけた真島茂樹さんが引き受け、ちょっと難しいがカッコよく楽しいシモキタ音頭ができあがり、すっかり親しまれている。

あとがき

ポートランドには不思議な磁力がある。

二〇一五年一一月の訪問から、続けてポートランドを訪れたのも、私自身に眠っていた記憶が反応し、惹きつけられたからだ。記憶の深層から浮上する五感に刻まれた感覚は、この街を歩くたびに身体全体に反応した。吹いてくる風、往来の人々、街の活気に触れていると、私は少年時代の感覚と向き合うことになる。

一〇代後半の私は、「この世界にどのように向き合うのか」を理詰めで考えようと苦悶していた。「自分はこれから何をすべきなのか、どこに向かうべきなのか」を問い、文芸や歴史、哲学等の本を手あたり次第に読みあさり、ジャズ喫茶や名画を上映する映画館に通い続けた。時はすでに七〇年代の前半だったが、団塊の世代に精神的に近い「六〇年代の熱気に遅れてきた若者」だった。

魂の彷徨と模索の旅でたどり着いたのが、沖縄だった。沖縄ロックをひっさげて登場した喜納昌吉さんと出会い、昼夜を通して七日間にも及ぶ対話を続けた。一九七七年、二一歳の私は、喜納さんのステージを制作することになり、音楽プロデュースの世界に足を踏み入れる。また、ジャーナリストとしてのデビュー作である一〇〇ページの大特集記事「魂を起こす旅　喜納昌吉」(『宝島』一九七九年八月号)を書き上げることになる。

八〇年代の私は、エコロジーと脱原発を掲げたロックコンサートを数多く手がけた。小さなライブハウスから、日比谷野外音楽堂、野外ロックフェスまで、仲間と力をあわせて実現した。一方、『明星』等の芸能誌で書き始めた「学校ルポルタージュ」が多くの反響を呼び、ティーンエージャーを読者層とした本を続けて送り出した。教育問題を追跡するテレビ番組の企画・制作も手がけた。

一九九六年に大きな転換点が訪れる。ジャーナリズムの世界から、政治家に転身したのだ。四〇歳をすぎて衆議院議員となり、五五歳で世田谷区長となった。詳しくは、中学生の当時から現在の区長の仕事まで渋谷陽一さんがロングインタビューをしてくれた『脱原発区長はなぜ得票率六七％で再選されたのか?』(ロッキング・オン、二〇一六年)に譲ることにするが、それまでの私は、多くの時間、文化と表現の現場にいた。

ところが、国会議員、そして首長の仕事も生ぬるいものではない。私は、仕事に全力を傾注し、制度改革や時代の求める課題解決に集中してきた。目の前の仕事が忙しく、過去の感覚や記憶はいつか沈殿していった。自分でもめったに思い出さない深層にまで……。

ポートランドは、「懐かしい匂い」がした。

半世紀前の若者たちの前にも、殺戮(さつりく)と破壊のはてしなき戦争や環境破壊、食品汚染、原子力発電所の危険も、すでにあった。一方で「大量生産と消費」「果てしない欲望のスパイラル」は途方もない勢いで巨大化し、世界を席巻していく。私たちは、そろそろ「現状肯定か、全面否定か」の二分法から卒業しなければならない。肯定すべき「いい所」を残し、機能不全に陥っているシステムは交換する……。

ポートランドを歩いて、いくつもの気づきがあり、勇気をもらった。ポートランドの人々は半世紀前の若者たちの問題意識を、住民自治に支えられた改革プログラムの形にして丹念に進めてきた。行政や公的セクターと市民が上下関係で統治されるのではなく、水平な向きあい方で合意をつくりあげていく。私たちが都市に向きあい、人間らしい温かい社会をめざすときに、ポートランドはよき座標軸となる。世田谷区を足場に、これからも都市文化交流を豊かなものとするために、「世田谷ポートランド都市文化交流協会」(PSACE)も本格的に活動を始めている(詳しくはHP)。これから始まろうとしている物語に、ここまでおつきあいいただいた読者の皆さんにも参加していただければ幸いだ。

本書の執筆にあたって、多くの友人に助けてもらった。まずは、三回の訪問を現地で的確にサポートしてくれた黒崎美生さん、ニッキーさんに感謝したい。建築家の専門的見地から視察に同行してアドバイスをいただき、本書の英文要旨まで書いていただいた小林正美さん、世田谷ポートランド都市文化交流協会の代表として、環境都市ポートランドを地球規模で語っていただいている涌井史郎さん、ポートランドと世田谷を結ぶシンポジウムで重要な視点を提供していただいた建築家の隈研吾さん、現地との深い交流を続ける黒崎輝男さん、ポートランドの街づくりを日本に伝え続けてきた山崎満広さんら、多くの先輩、友人、ジャーナリスト、都市デザインや設計の建築家たちの率直な意見があってこの本は完成した。

テッド・ウィラー・ポートランド市長、チャーリー・ヘイルズ前市長、キンバリー・ブランナム振興局長、都市環境計画局などポートランド市役所の皆さん、メトロ政府の皆さん、ポートランド州立大学日本研究センターのケン・ルオフ教授、ポートランド日本庭園のスティーブ・ブルームCEO、児童福祉ホットラインを運営するオレゴン州福祉局、オレゴン日米協会等、長時間の取材や交流のために快く協力していただいた皆さんにも感謝を申し上げたい。

この本を書き進める過程でも、世田谷区民を中心として、街づくりに関心のある人たちが、次々とポートランドに出向いてそれぞれの分野で見識を深めてきた。本書に登場する世田谷区での取り組みのすべては、職員の営々とした努力によって形作られてきたものであることも記しておきたい。また、予定通りに作業の進まない著者を、温かく粘り強く見守ってくれた岩波書店編集部の藤田紀子さんによって、ゴールまで誘導していただいた。徐々に書き進めていく原稿を読みながら、励ましてくれた妻にも、感謝している。

最後に四年前にこの世を去った高橋ユリカさんの墓前に、この本を捧げたい。

二〇一八年六月

著者しるす

the author strongly acknowledges the importance to ask “What can be done beyond the institutional barriers?” and to have a “Courage to rebuild the city with a strong will and vision” as a politician.

ment and the renovation of the existing facilities, along with policies such as the transition from automobile to pedestrian priority culture by an inexpensive tram network have been quite effective for the formation of the present attractive, "easy to live" town. At the root of this, the mayor feels that there must be "Liberalism that respects human beings and nature, inclusive of diverse ideas and free opinions." This concept must have cultivated the renowned rich food culture (local food made from local fresh ingredients, local beers, etc.), a fancy fashion culture based on casual lifestyle, and an outdoor sports culture coexisting with nature, all in the basin of the compact and walkable human-scale city.

Regarding "Pollution", he turned focus to the smog of Kawasaki city which the author himself experienced, and shared that Japan had successful environmental conservation through the severe regulations thus far. In a lecture he gave at Portland State University, he touched on the subject of "Welfare" by speaking about the "National health insurance system" in Japan, "Welfare for the elderly", "Child and child caring support", "Support for young people and LGBT human rights protection", and "loneliness issues for the elderly" in Setagaya City which were all themes that received a positive response.

Regarding measures for citizen participation, it is not possible to compare Setagaya City with a population of 900,000 and Portland city with a population of 630,000, but Setagaya City has a 50 member parliament who works for the city. In Portland, the mayor and four commissioners are responsible for policy decisions and its execution as a whole, and in particular, the neighborhood associations in each region are doing all administrative management working closely with the citizens. The author thought that, since the Tohoku earthquake, we realized again the importance of the sense of local community and the necessity for its autonomy, and it must be an important issue in Japan in the future.

As a future action, Shimokitazawa and Futago-Tamagawa areas of Setagaya City have different characteristics from Tokyo's big city atmosphere, and he feels that they will be a good venue as Portland's counterparts. The mayor is willing to actively promote the mutual cultural and policy exchange together.

Finally, through "Portland-Setagaya city comparative study" by this book,

Summary

Portland and Setagaya:
A Linkage of Urban Strategies Utilizing Liveability

Masami Kobayashi

After visiting Portland several times by the recommendation of an acclaimed female journalist, who is one of his good friends (deceased), the author, a mayor of Setagaya City of Tokyo, began to have a strong interest in how Portland has earned its worldwide reputation as an environmental city. His main interests are in "how notions of a human pleasant lifestyle" is supported by the "human-scale town", and the philosophy which supports this lifestyle. For this reason, he interviewed more than 25 related people in US and Japan, explored various literature, and conducted a vigorous urban study.

The mayor found that, in the origin of Portland which has a different atmosphere from other cities in the United States, the philosophy of indigenous people who love nature seems to have been influential, and the "hippie culture" which migrated from San Francisco and other areas in the 1960s to 70sis also rooted in the ideology of the city of Portland. He also learned that in the early 1970s, as a result of industry-oriented urban policies, Portland, among other cities had experienced serious urban problems such as water pollution of the Willamette River, air pollution, and the hollowing out of the city center. The city government eventually determined the "Urban Growth Boundary" to prevent sprawl and implemented the Tri-County Metropolitan Transportation District of Oregon (TriMET) plan. Additionally, based specifically on the input of the citizens, the highway that ran along the Willamette River was replaced with a new Front Park.

Furthermore, he realized that the policies such as Pearl district's redevelop-

保坂展人

1955年宮城県仙台市生まれ．世田谷区長，ジャーナリスト．高校進学時の内申書をめぐり内申書裁判をたたかう．新宿高校定時制中退後，ジャーナリストとして活動．1996年から衆議院議員を3期務め，「国会の質問王」と呼ばれる．2011年世田谷区長に当選．現在2期目．

『年金を問う——本当の「危機」はどこにあるのか』『共謀罪とは何か』『相模原事件とヘイトクライム』(以上，岩波ブックレット)，『いじめの光景』(集英社文庫)，『闘う区長』(集英社新書)，『88万人のコミュニティデザイン——希望の地図の描き方』(ほんの木)，『脱原発区長はなぜ得票率67%で再選されたのか？』(ロッキング・オン)など著書多数．

〈暮らしやすさ〉の都市戦略
——ポートランドと世田谷をつなぐ

2018年8月8日　第1刷発行

著　者　保坂展人（ほさかのぶと）

発行者　岡本　厚

発行所　株式会社 岩波書店
〒101-8002 東京都千代田区一ツ橋2-5-5
電話案内 03-5210-4000
http://www.iwanami.co.jp/

印刷・三秀舎　製本・松岳社

ISBN 978-4-00-022643-1　　Printed in Japan